NATIONAL GEOGRAPHIC

美 国 国 家 地 理

未至之境

意大利白星出版公司 / 著　文铮　谭钰薇　张羽扬　李晓婉　郑楠蕭 / 译　苏靓 / 审

电子工业出版社

Publishing House of Electronics Industry

北京·BEIJING

亚洲沙漠的粗犷之美

非洲沙丘间的生命

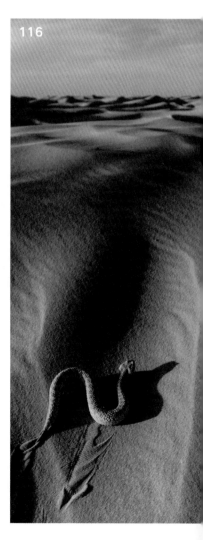

大岛的独特之处

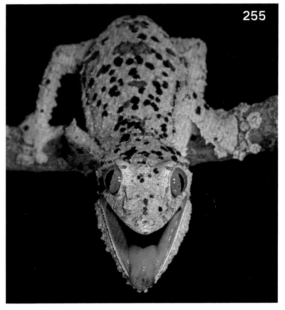

常年冰封的王国

371

362

380

402

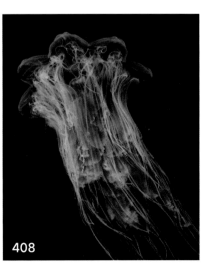
408

1 / 亚洲沙漠
的荒芜之美

逆境中的生命

广袤的亚细亚洲地貌千差万别，恢宏壮丽，郁郁葱葱的丛林和雨林孕育着丰富的生命；喜马拉雅山巅直冲霄汉，是世界上最高的山脉；干旱的沙漠广袤无垠，一直延伸至视野尽头，令人叹为观止。的确，最令人称绝的要数沙漠，它看似贫瘠荒芜，却隐藏着无法想象的美丽与惊喜。

戈壁沙漠

戈壁沙漠也被称作"无边的海洋"，是亚洲大陆第二广阔的沙漠（第一是鲁卜哈利沙漠，后文中将会介绍），面积为130万平方千米，占据中亚北部，位于中国和蒙古国之间。戈壁沙漠主要由覆盖广阔平原的砾石形成，几乎没有孤峰耸立阻隔其间。这里沙地面积极小，时有沙丘。植被更是稀疏，只有在绿洲中才有树木生长。戈壁沙漠受到"雨影效应"的影响：西藏高原阻挡了来自印度洋的湿润温暖的气流，使其无法抵达沙漠内部，因此降雨稀少，变得更加干旱贫瘠。

大多数沙漠的气候变化都很迅速，全年温差极大，戈壁沙漠的气候尤其极端，冬天温度可以降至-40℃，而夏天则可升至45℃。戈壁沙漠每日温差也很大，短短24小时内温差可达35℃。虽然戈壁沙漠降雨极少，西部年均降雨量约为50毫米，东部堪堪超过200毫米，且降雨大多发生在夏季。然而，沙丘的顶部却经常能看到冰雪，这是因为该地区平均海拔高，有的地方能达到海拔1500米。戈壁沙漠冬季的气候更是恶劣，低温之下，寒风凛冽，还会经受冰雪风暴的侵袭。

由于气候条件恶劣，寒冬里，植被通常休眠几个月，暂停生命活动；而在酷夏，由于极度炎热，它们也会放缓生命活动。戈壁沙漠中植被分布零散而不连续，一般为禾本科（Poaceae）植物，其中还有些小型灌木。

土壤富含盐分的地区的植物大多为猪毛菜属（*Salsola*）和假木贼属（*Anabasis*），而沙丘地区则大

第10~11页图：背景中太阳冉冉升起，一只长耳跳鼠（*Euchoreutes naso*）若有所思。摄于蒙古戈壁沙漠。

第12页图：耐梅盖特组峡谷举世闻名，此处曾发现了包括恐龙在内的许多化石。摄于蒙古的戈壁沙漠。

上图：沙漠中的梭梭（*Haloxylon ammodendron*），这种植物是戈壁沙漠的沙丘上最常见的植物。摄于蒙古的戈壁沙漠。

右图：阿拉伯野生动物中心保育项目圈养的一只雄性努比亚羱羊（*Capra nubiana*）。摄于阿拉伯联合酋长国沙迦市。

多为梭梭（*Haloxylon ammoden-dron*）。

然而，即便如此严酷的环境，戈壁沙漠仍是许多动物的家园：各种啮齿动物、骆驼、熊、狼、羚羊、虎鼬、雪豹以及众多爬行动物和鸟类栖居于此。这也证明，生命能够适应地球上的恶劣条件，寻得生存之道。

尽管戈壁沙漠的自然环境严酷无情，但它却在亚洲的历史与文化中扮演着重要角色，因为来自亚洲大陆各地的旅行者们都要沿着古丝绸之路穿越这片沙漠。古丝绸之路是一条长达数千千米的线路，曾是中国和罗马帝国之间贸易往来的纽带。

如今，戈壁沙漠里居住着蒙古人和中国人，前者住在特色鲜明的传统移动帐篷"蒙古包"中，主要靠畜牧，特别是饲养绵羊和山羊为生；后者则主要从事农业，住在土砖房里。交通方面，除了古代的商队路线，如今还有铁路和高速公路横贯沙漠。

自20世纪中叶以来，人口增长已经对沙漠产生了重大影响，原本就稀少的植被在车辆的反复碾压下遭到破坏，过度放牧更是让环境雪上加霜，尤其是过度放牧那些会将整棵植物全部吃掉的山羊。人类的活动加剧了土壤侵蚀，随之造成土壤贫瘠，使得沙漠迅速向周边地区

扩展，取代原本的半干旱草原，严重损害农业。

为了阻止草原荒漠化，中国已实施了一系列策施，多年来已颇见成效。1978年，中国政府着力开展植树造林工程，该工程将一直持续到2050年，旨在为适应干旱环境的树木和能够快速生长的草本植物打造一条安全地带，建造一道长4500千米、宽50米的名副其实的植被墙，以有效遏制沙漠的扩展，减少土壤侵蚀，同时作为阻挡沙尘暴的防护屏障。现在，第一批植树区的树木已经长大，地区降雨量也有所增加。植物的根能帮助土壤保留雨水，增加地下水流量，假若没有它们，雨水在沙漠中会立即蒸发。不过，这个规模巨大的工程也遭到了一些质疑的声音：该工程种植的树木通常是杨树，非常单一，会对本地的植物造成影响，破坏生物多样性。另外，只有一个物种的森林非常容易遭受流行病侵袭，导致树木大规模死亡。2000年就曾有超过十亿棵杨树因疾病死亡。

1993年，蒙古国最大的公园——戈壁古尔班赛汗国家公园成立，面积达27000平方千米。该保护区位于戈壁滩的北部边界，其中有被称作"唱歌沙丘"的洪果沙丘，该沙丘面积为965平方千米，高度可达300米，风与沙子发生摩擦时沙沙作响。戈壁古尔班赛汗国家公园是一些濒危物种的庇护所，这里生活着如盘羊（*Ovis ammon*）、雪豹（*Panthera uncia*）和北山羊（*Capra sibirica*）等多种濒危物种。公园的山上还栖居着雄伟的胡兀鹫（*Gypaetus barbatus*）。

内盖夫沙漠

内盖夫沙漠占据了以色列大约一半的面积。该沙漠岩石遍布，山脉纵横，被只在短暂雨季充水的干涸河道与深坑拦腰截断。内盖夫沙漠位于撒哈拉以东，气候非常干旱，温度也非常高，部分地区的最高温度可以超过48℃。内盖夫沙漠的植被非常稀少，不过有些相思树属（*Acacia*）和黄连木属（*Pistacia*）植物还是在这里找到了它们理想的生存环境。

这片炽热的沙漠中生活着一小群阿拉伯豹（*Panthera pardus nimr*），还有其他捕食者，如狞猫（*Caracal caracal*）、亚洲胡狼（*Canis aureus*）和虎鼬（*Vormela peregusna*）。

内盖夫沙漠也是少数草食动物的居所，如山瞪羚（*Gazella gazella*）的亚种阿拉伯山瞪羚，还有小鹿瞪羚（*Gazella dorcas*），以及生活在山地和高原地区的努比亚羱羊（*Capra nubiana*）。

有些特殊的物种只生活在荒芜的内盖夫沙漠中，如内盖夫麝鼩（*Crocidura ramona*）和内盖夫陆龟（*Testudo werneri*）。其中，内盖夫陆龟是极度濒危物种，只生活在内盖夫沙漠中部和西部的沙地中。

有些动物曾经在野外已经灭绝，但由于当地启动物种引入计划，且严格控制偷猎行为，它们又重新回归到这片土地上。如阿拉伯大羚羊（*Oryx leucoryx*），波斯黇鹿（*Dama dama mesopotamica*）和亚洲野驴（*Equus hemionus*）。

内盖夫沙漠位于古代纳巴泰人运送香料的路线上。纳巴泰人建造了许多美丽的城市，包括古城希夫塔。这座城的废墟仍然屹立在干旱的大地上，光彩夺目。

■ 右图：一只虎鼬（*Vormela peregusna*）蹲在雪地里，也许正在等待猎物。摄于俄罗斯。

■ 上图：位于阿曼和沙特阿拉伯边境的鲁卜哈利沙漠的鸟瞰图，该沙漠的名字意为"空旷的四分之一"。

鲁卜哈利沙漠

鲁卜哈利在阿拉伯语中的意思是"空旷的四分之一"。鲁卜哈利沙漠是亚洲最大的沙漠，全世界第二大的沙质沙漠，也是世界上少数几个尚未充分探索和绘制地图的沙漠。鲁卜哈利沙漠中遍布高达250米的橙红色沙丘，其中还夹杂着砾石和平原，气候极其干旱，年均降雨量一般低于35毫米。7月和8月的日均最高气温为47℃，温度峰值可达51℃，昼夜温差极大。沙漠中主要的动物为蛛形纲（Arachnida）和啮齿目（Rodentia）。

从该地区的化石遗迹来看，这里曾经生活着河马（Hippopo-tamus amphibius）、亚洲水牛（Bubalus bubalis）和已经灭绝的

原牛（*Bos taurus primigenius*）。这一事实也表明，近几千年来荒漠化不断加剧。公元前300年左右，"熏香之路"上的商队就曾横跨如今荒凉且难以穿越的沙漠。传说以前还有座乌巴城，它的名字在古代阿拉伯的著作中被称为"千柱之城"，后来因《一千零一夜》的故事而闻名。这座城市可能位于卡拉山下，林木葱郁，盛产没药和熏香以供贸易。根据流传千年的故事，商队通常从这座城市出发，前往美索不达米亚、埃及、希腊，最后再到达罗马。

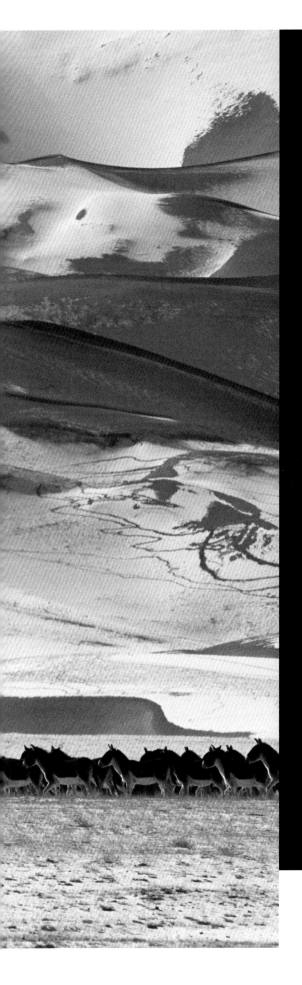

寻找牧草

　　沙漠往往意味着不毛之地，居住在沙漠中的动物必须采取特殊的生存策略。例如，在每天中最凉爽的时间，即黎明或黄昏时分活动；或产生高浓度的尿液，尽可能地减少液体流失。沙漠中的草食动物几乎不需要水源，甚至可以完全不饮水，只靠植物中的水分，或夜间凝结在植物叶片上的露水为生。

　　在这片土地上，水是既珍贵又稀缺的资源。这里植被覆盖率很低，草食动物必须四处奔波，寻找充足的食物来满足它们的日常所需。它们会仔细搜寻每一处可能足够湿润的角落和缝隙，检查其中是否长出些可以食用的植物。还有些动物能够感知哪些地方正在降雨，然后过去享用丰茂的植被，至少可以短暂地大快朵颐一阵。

　　左图：一群亚洲野驴（*Equus hemionus*）正在穿过亚洲山脚下的雪原。

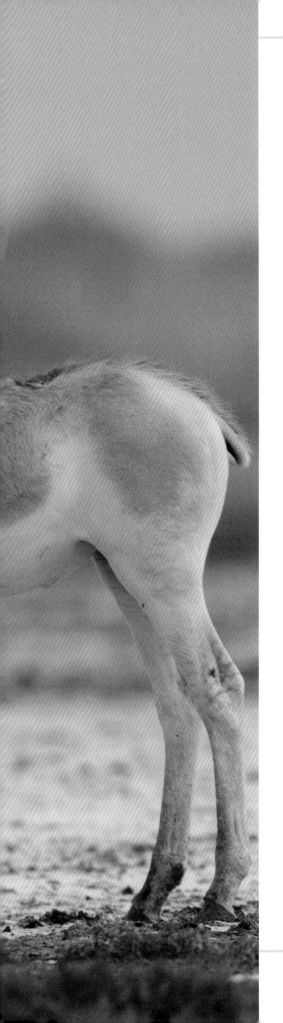

亚洲野驴

这些动物曾经居住在山地草原、半沙漠和沙漠平原上，它们的活动区域甚至一度延伸到欧洲。而今，它们被困在了亚洲的半沙漠和沙漠平原中。

亚洲野驴（*Equus hemionus*）的毛色随着地理分布和季节的变化而变化，通常情况下，夏季以红褐色为主，冬季则褪为黄褐色。亚洲野驴还有一个特点，即脊背中央有一条带着白边的黑色背线，体侧和腹部为白色。与马相比，它们的蹄子很小，腿很短，肩高100～140厘米，体重可达260千克，体长最长为240厘米，且雄性体形通常大于雌性。它们是奔跑速度最快的哺乳动物之一，可以达到70千米/时。

亚洲野驴的觅食策略与沙漠环境中可以观察到的其他马科动物

相似：当牧草丰富时，它们主要在草地活动；旱季时或在较干燥的栖息地中，该物种则会食用灌木。另外，这些动物需要定期补水，虽然它们似乎可以长达四天滴水不进，但每次饮水都需要喝大量的水，且维持时间取决于环境温度和食物的含水量。因此，有水可喝是至关重要的。夏季，亚洲野驴会在离水源10～15千米的范围内移动。在蒙古，地下水位接近地表，我们经常可以观察到亚洲野驴在干涸的河床上深挖以获取珍贵的水源，它们可以一直挖到地下60厘米深。

亚洲野驴的运动量非常大，在蒙古的戈壁沙漠中，它们每天移动的平均直线距离接近12千米。另外，它们的移动似乎也不像传统的迁徙那样遵循固定的模式，这可能是因为牧草和水源的供应无法预测。然而在过去，当它们还生活在

第22～23页图：旱季的亚洲野驴保护区，野驴们在玩耍和相互熟悉。该保护区是全球少数几个能够在野外观察到亚洲野驴印度亚种（*Equus hemionus khur*）的地方之一。摄于印度。

左图：两只年轻的雄性亚洲野驴在以踢腿的方式挑衅对方。摄于印度古吉拉特邦。

上图：两只成年亚洲野驴正带着一只幼崽在沙漠中散步，背景中可以看到夕阳。摄于印度古吉拉特邦。

山地草原上时，通常每个季节都会进行迁徙。

雌性亚洲野驴的生育年龄约为3岁，雄性则约为5岁。通常情况下，雌性亚洲野驴经历11个月孕期后，会在4月至9月间产下一只幼崽，6月至7月是生育高峰。亚洲野驴的分娩过程十分快，通常不超过10分钟。小野驴出生15～20分钟后就能自己站起来，跟随母亲行动。

亚洲野驴最主要的天敌是狼，在伊朗也有波斯豹（*Panthera pardus saxicolor*）袭击它们的案例。

亚洲野驴的社会结构因它们生活的地区不同而有着显著的差异。生活在戈壁沙漠和中亚地区的亚洲野驴，其种群通常由一只雄性、数只雌性和它们的幼崽组成。有时还会形成更大的驴群，最多可包含450只个体，常聚集于有大量食物或水源的地方。不过，这些大型驴群往往一天之内就会解体。野驴中也有"单身汉群"，通常在冬天，年轻的雄性会聚在一起。

南方的种群则有着更明显的领地意识，各领地之间部分相互重叠。领导整个种群的雄性亚洲野驴统治着约9平方千米的领地，其中有食物和休息区，以及永久或周期性的水源。不过，水源通常处在领地的边缘而非中心，供多种动物共同饮用。亚洲野驴会用粪便和

▶ 濒危亚种

亚洲野驴有许多生活在自然界中的亚种，其中有些濒临灭绝，或是已经灭绝。叙利亚野驴（*Equus hemionus hemippus*）曾经占据巴勒斯坦、约旦、土耳其、叙利亚、沙特阿拉伯和伊拉克的沙漠与干草原。1927年，最后一只野生叙利亚野驴在约旦东部沙漠附近的阿兹拉克绿洲被杀，维也纳动物园圈养的最后一只叙利亚野驴也于同年死亡，该物种彻底灭绝。土库曼野驴（*Equus hemionus kulan*）现在虽然还尚存一息，但已极为罕见，只在土库曼斯坦的一些保护区内有分布。1935年，该亚种在哈萨克斯坦、乌兹别克斯坦和乌克兰完全消失，但后来又成功从保护区引入这些国家。波斯野驴（*Equus hemionus onager*）现在只生活在伊朗少数几个保护区中，数量约为600只，已被伦敦动物学会列为100种最有可能灭绝的哺乳动物之一。

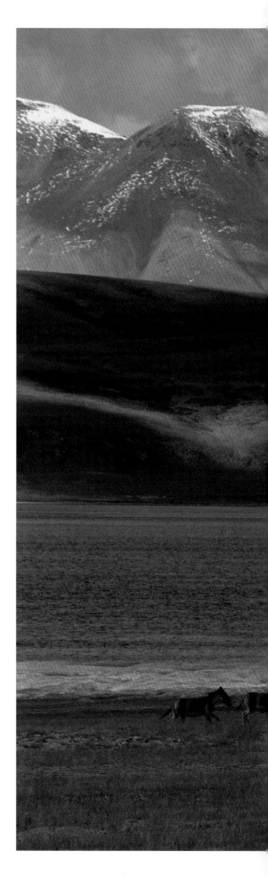

尿液标记它们经常走的道路，且通常使用相同的标记点。带领幼崽的雌性亚洲野驴有时会聚成小群，在20平方千米的区域内吃草，这个区域有时与其他家族群体和雄性统治者的活动领地相重叠。

目前，我们尚未完全了解亚洲野驴的各种社会行为，气候因素或来自捕食者的压力可能会影响它们作出决策和某种行为。在几乎没有大型捕食者的地方，亚洲野驴倾向于保留领地性的生活方式，即在特定区域内生活，并将其视为自己的领地。而在经常有狼群出没的地方，它们则倾向于聚群，因为形成较为稳定且规模庞大的群体有利于提高生存概率。

▌保护现状

亚洲野驴被世界自然保护联盟（IUCN）评为濒危物种，预计在未来三代中，该物种种群数量将至少减少20%。虽然目前亚洲野驴种

群数量较多且趋于稳定，但由于基础设施快速建设，人口随之不断涌入，它们的大部分活动区域受到严重威胁。人类的活动很有可能导致一些旧的威胁重新出现，让亚洲野驴生活在非法狩猎和野味贸易的阴影之下，或是被迫与家畜竞争水源和牧草。

此外，公路和铁路若是没有经过严谨规划，也有可能增加亚洲野驴的死亡率，因为栅栏可能阻碍这些动物的长距离移动，导致它们无法获取重要的食物资源，或无法前往合适的栖息地。

蒙古如今拥有世界上75%的亚洲野驴种群，不同地区存在数量增加或减少的趋势，而土库曼斯坦、伊朗、哈萨克斯坦和中国的一些亚洲野驴种群已经接近极危。

■ 上图：一群西藏野驴（*Equus hemionus kiang*）在青藏高原上奔跑。摄于中国青海。

鹅喉羚

鹅喉羚栖息在从蒙古到中国再到阿拉伯半岛的各种荒漠、半荒漠地区。它们敏捷而羞怯，能以60千米/时的速度快速奔跑，扬起黑色的短尾巴，露出背上特有的白斑。

鹅喉羚（*Gazella subgutturosa*）是一种中型有蹄动物，比其他大多数亚洲羚羊的体格都要健壮。这种羚羊具有明显的性别二态性：雄性的体形大于雌性，且雄性羊角更长，甲状腺更加发达。成年雄性鹅喉羚的体重在20～43千克之间，雌性在18～33千克之间。雄性鹅喉羚头部长有20～30厘米的黑角，两角的底部非常近，向后弯曲时两角间距逐渐变大。与大部分羚羊不同，雌性鹅喉羚一般不长角，不过也有例外，如阿拉伯半岛的雌性鹅喉羚头上也长有发达的角。鹅喉羚硕大的黑眼睛和一对长耳朵十分引人注目。别看鹅喉羚腿部纤细，蹄子小巧，实际上它们四肢的肌肉强劲有力，可以产生强大

■ 第28～29页图：一只雄性鹅喉羚（*Gazella subgutturosa*）正在拼命奔跑，也许是在逃离危险。摄于蒙古的戈壁沙漠。

■ 上图：一只鹅喉羚正在图兰保护区内的一处小水洼前饮水。摄于伊朗哈尔图兰国家公园。

的推力，即使是在崎岖的地形上也能平稳奔跑。它们的毛色因地域而异，从白色到棕色不等，也会带有灰色、红色和黄色色调。冬季时，它们的被毛变得更长更厚，色调也会比夏季时更浅。

鹅喉羚的繁殖季节一般为9月到12月，雌性羚羊怀胎148～159天后，在次年的3月到5月之间分娩。大部分3岁到7岁之间的成年雌性羚羊都会产下一对双胞胎羊羔，而比这更年轻或年长的雌性羚羊通常一胎只生下一只幼崽。小羊羔出生后

仅需10～15分钟就可以站立。母亲通常会在小羊羔附近50～500米范围内吃草，且每次哺乳后都会为幼崽寻找一处新的藏身之所。如果雌性鹅喉羚生下一对双胞胎，那么在最初的4～6天里，它通常会将两只幼崽分别置于两处不同的庇护所。小羊羔出生后的6周内需要每日哺乳2～4次，哺乳期至少持续3～6个月。

小羊羔出生时并没有角，待到3～6个月时才逐渐长出。雄性鹅喉羚的角能够一直生长至6岁，而雌

性的角在2～3岁时就达到最大长度，停止生长。

夏季，鹅喉羚通常在较为凉爽的时候，即清晨和傍晚进食，它们以草叶和嫩枝为食。然而，在偷猎比较严重的地区，它们多少会倾向于夜间活动。每只鹅喉羚每天要吃下6千克植物，相当于其体重的30%左右。为躲避正午的高温，这些羚羊通常会待在阴凉中，或是在泥土湿润的地方挖洞纳凉。

由于偷猎者横行，再加上过度放牧造成栖息地退化、牲畜抢夺资

源，以及工业和商业开发对环境的改变，世界自然保护联盟已将鹅喉羚评为易危物种。据估计，过去14年（即三代）里，鹅喉羚种群数量下降了超过30%。虽然目前在阿塞拜疆和伊朗的保护区内，该物种的部分种群数量趋于稳定，甚至还在增加，但就整体而言，其他种群仍然受到各种各样的威胁，数量下降且有据可查。近年来，土库曼斯坦的鹅喉羚几近消失，而哈萨克斯坦以前大约有20000只鹅喉羚，现在数量已锐减。在大部分鹅喉羚曾经的家园，如蒙古，偷猎已消灭了几乎所有的大型羚羊群，使其数量减少了50%以上。

鹅喉羚在其生活的所有国家都受到法律保护，伊朗除外。在伊朗，它们依旧会被猎杀，羊角还被当作纪念品。不过，即便是在有法律保护的地方，法律也无法永远得到完美地落实，它们不得不留在保护区和保留地内，苟且偷生。

目前，鹅喉羚受到承认的亚种有以下三个：生活在中亚的伊朗、伊拉克和阿富汗的指名亚种（*Gazella subgutturosa subgutturosa*），广泛分布于蒙古的戈壁沙漠的蒙古亚种（*Gazella subgutturosa hillieriana*），以及中国西部新疆维吾尔自治区内的南疆亚种（*Gazella subgutturosa yarkandensis*）。第四个亚种如今已成为独立的物种，生活在阿拉伯半岛，名为阿拉伯沙瞪羚（*Gazella marica*）。

记 事 本

交配季节

鹅喉羚的名字让人联想到它们喉头下方的凸起，即"甲状腺肿"，这样的隆起由喉部软骨膨大而成。在交配季节，特别是雄性羚羊的这个结构会变得更加肥大和明显，以便发出响亮的叫声，传播到很远的地方，向雌性羚羊求爱。交配季节前，成年雄性鹅喉羚的领地意识增强，会在它们用前腿挖就的小洞中排便以标记自己的领地。另外，它们的腹股沟淋巴结和眶前腺也会肿大且分泌物增加。

雄性鹅喉羚在求爱过程中会伸长脖子，鼻子上翘，释放信息素，用前肢踢腿和摆出直立姿势。雄性鹅喉羚通常会将雌性赶入自己的领地，不断地追逐它们，且只与那些长期留在自己领地内的雌性交配，同时还会赶跑所有潜在的竞争者。

上图：这只雄性鹅喉羚喉头下方的甲状腺明显肿大。

聚焦 远古大屠杀

　　6000年前，生活在今天叙利亚东北部的居民大规模捕杀了数百只鹅喉羚。考古学家在挖掘出数百只鹅喉羚的骨头残骸时得出结论，这些鹅喉羚是被迫进入"死亡陷阱"的，它们被赶入围栏中集体屠宰。叙利亚沙漠中零星散布的奇怪的石头建筑似乎就是用来捕获鹅喉羚的。这些建筑由两排矮矮的石墙组成，集中在一个用墙围住的区域中，当作困住这些有蹄动物的陷阱。季节性迁徙时，成群的羚羊和其他动物会被引入矮墙之间，然后在围墙内被宰杀。当时的捕杀行为严重影响了鹅喉羚的种群数量，对该物种产生了灾难性的影响。

　　20世纪初，当英国空军飞行员首次飞越这些建筑时，给它们取了个绰号叫"沙漠风筝"，因为从高处俯瞰时，建筑的外观形似风筝。

　　屠杀鹅喉羚的历史可以在该地区的岩画中得到进一步证实，岩画中描绘的正是鹅喉羚在围墙中被宰杀的场景。

左图：一大群鹅喉羚正在草原上吃草。摄于蒙古。

阿拉伯大羚羊

阿拉伯大羚羊生活在各种各样的沙漠栖息地，如石质平原和沙丘里，能够在低湿度、低降雨量和强风环境中生存，能承受超过45℃的高温和长达六个月的干旱。

　　正如阿拉伯大羚羊（*Oryx leucoryx*）的拉丁名中"*leuco-ryx*"所示，该单词来源于希腊语，意为"白色"和"光"。这种羚羊被毛主要呈白色，腿部呈深棕色或黑色，口鼻部有两块黑斑，一块在双角之间，另一块在鼻部中上方。因此它的面部看起来很特别，仿佛戴了一只白色的面具，只露出眼睛和嘴巴。年轻的阿拉伯大羚羊

呈浅棕色，成年后被毛逐渐变白。阿拉伯大羚羊的浅色被毛，让它在阳光直射下非常显眼，在很远的地方就能看到，而在阴凉处休息时，则不易被发现。

阿拉伯大羚羊是大羚羊属的四个物种中体形最小的一种，它们的体长在133～165厘米之间，肩高为70～83厘米。雌雄两性之间除体形外没有很大区别：雄性阿拉伯大羚羊体重可超过90千克，而雌性体重最多为70千克。雌雄两性都有黑色的环形角，或直挺或稍稍向后弯曲，平均长度为60厘米。

阿拉伯大羚羊主要食用草和嫩芽，当寻不到这些食物时也会食用灌木。它们可以在沙漠中长途跋涉寻找食物。据了解，曾有阿拉伯大羚羊在18小时内走了93千米寻找食物。这些动物可以长期不饮水，仅通过食用植物和偶尔啜饮露水来满足对水的需求。它们主要在清晨、傍晚或夜间进食，避开一天中最热的时间段，防止体液严重流失。

此外，它们也没有特定的繁殖季节，在一些保护区，3月出现生育高峰，9月略有下降。雄性之间会为有角的雌性而相互竞争，有时还会导致致命伤害。雌性通常会在255～273天妊娠后产下一只幼崽，很少有双胞胎降生。小羊羔出生仅几个小时后就能够跟随母亲，加入到羊群中。

阿拉伯大羚羊是最能适应缺水环境的羚羊，它们可以居住在年均

记事本

独角兽的神话

　　独角兽的神话可能起源于众多毫无神话色彩的动物，比如独角鲸、犀牛甚至羚羊。亚里士多德和老普林尼曾认为，羚羊恰恰是独角兽的原型。羚羊的外表的确具有欺骗性，从某些角度看，它的两只角会合二为一。然而，在有些情况下，它们也可能真的只有一只角。由于羚羊的角不可再生，假若它们失去一只角，那么余生就将会只剩下一只角，变得和传说中的独角兽一样。

▨ 上图：人的眼睛也是会被欺骗的：这只大羚羊看起来似乎只有一只角，就像独角兽一样。这种"视错觉"是对该神话动物传说的一种可能性解释。摄于阿曼，扎阿鲁尼。

■ 第34~35页图：一只健硕的阿拉伯大羚羊（*Oryx leucoryx*）正在吃草。摄于阿拉伯联合酋长国，迪拜。
■ 上图：一群阿拉伯大羚羊正在一棵小树的阴凉下歇息。摄于阿曼，扎阿鲁尼，吉达哈拉西斯沙漠。

降雨量仅50毫米甚至更少的超干旱沙漠地区。它们浅色的被毛可以反射阳光，防止身体过热。在高温月份，阿拉伯大羚羊会躲到树下或灌木丛中，也会在沙丘侧面挖洞来避暑。而在冬天，温度下降时，阿拉伯大羚羊就会竖起毛发，将深色的皮肤暴露在外，帮助吸收热量。宽而圆的蹄子能让它们在沙地上轻松移动。

阿拉伯大羚羊族群不分年龄性别共同生活，通常10只为一群，但也有报告显示，有的羊群中个体多达100只。通常降雨过后，羊群的规模会扩大。

灭绝与重生

阿拉伯大羚羊曾经在阿拉伯半岛的大部分地区广泛分布，包括科威特和伊拉克北部，然而，20世

纪之初它们的活动范围显著缩减，种群数量也严重下降，呈无可挽回之势。1920年以前，该物种分布在两个相距1000多千米的区域内：北部种群生活在沙特阿拉伯的内夫得沙漠，南部种群分布在鲁卜哈利沙漠和阿曼的中南部平原。然而，到了20世纪50年代，北部的阿拉伯大羚羊就消失了，而南部的阿拉伯大羚羊的数量也因为狩猎在逐步下

▶ 面临的威胁

  阿拉伯大羚羊面临的主要威胁既有人为因素，如非法狩猎，也有自然因素，如长期干旱。在2017-2019年，偷猎者捕获或猎杀了至少200只阿拉伯大羚羊，受偷猎活动影响，阿曼的阿拉伯大羚羊保护区内阿拉伯大羚羊的数量有所下降。2007年，阿曼政府决定将保护区面积减少90%，随后，该保护区被联合国教科文组织（UNESCO）从世界遗产名录中删除。其他保护区内的阿拉伯大羚羊虽然免于被偷猎，但那些游荡在外的阿拉伯大羚羊的安全依然无法得到保障。除此之外，干旱和过度放牧降低了栖息地质量，也限制了可能用于放归阿拉伯大羚羊的地点的选择。据估计，1999年至2008年间，沙特阿拉伯中西部的长期干旱已导致560头阿拉伯大羚羊死亡。

■ 左图：两只年轻的阿拉伯大羚羊，它们的角还很小。摄于阿曼，扎阿鲁尼。

■ 上图：两只雄性阿拉伯大羚羊正在用角决斗。摄于阿拉伯联合酋长国，迪拜沙漠保护区。

降。20世纪60年代，该物种的活动范围已仅限于阿曼中部和南部的小块区域内。1972年，最后几只野生阿拉伯大羚羊可能在阿曼中部多石

的吉达哈拉西斯沙漠被杀，该物种也随之在野外灭绝。

1962年，在世界自然基金会（WWF）的资助下，凤凰城动物园和动植物保护协会联合展开羚羊行动项目，将阿拉伯大羚羊圈养起来，直到种群达到足够数量后再放归野外。因此，自1982年起，阿拉伯大羚羊重新被引入阿曼的阿拉伯大羚羊保护区，该保护区也是其他濒危物种，如阿拉伯瞪羚的家园。另外，沙特阿拉伯、以色列、阿拉伯联合酋长国和约旦也建立了保护区和保护地，并从1990年起，重新引入该物种的雌性个体以进行繁殖。

阿拉伯大羚羊被世界自然保护联盟评为易危物种，现总数量约为1220只，其中850只已经性成熟，远远高于濒危物种数量250只的门槛。目前，它们的种群数量稳定且持续上升。随着更多阿拉伯大羚羊从保护地被放归自然，它们的活动范围也会不断扩大。

努比亚羱羊

努比亚羱羊原产于阿拉伯半岛和非洲东北部，是唯一适合在多岩石的沙漠山区和半干旱地区的高原的羱羊。它们是经验丰富的登山者，居住在植被稀少且地形陡峭的偏远山区，山区的独特地势给它们提供了完美的逃生通道。

努比亚羱羊（*Capra nubiana*）是羱羊中最小的一种，头上有长长的弯角，轮廓清晰可辨。雄性努比亚羱羊的平均体重为62.5千克，肩高约为75厘米，体长约为125厘米。雌性一般体形较小，约为雄性的1/3。该物种被毛为沙褐色，伪装性极强，这种毛色能让它们隐身于干旱与多岩石的环境中。努比亚羱羊被毛的颜色在一年中会发生变化，它们的发情期从8月开始到10月结束，此时雄性努比亚羱羊颈部、胸部、肩部、腹部两侧、大腿前侧和前腿上部会由深褐色变为黑色。

▶ 独立物种还是亚种？

即使在今天，努比亚羱羊的分类也不甚明确，某些情况下，它们会被划分为阿尔卑斯羱羊（*Capra ibex*）和北山羊（*Capra sibirica*）的亚种。而关于努比亚羱羊究竟是独立的物种还是上述两物种的亚种，目前仍然存在争论。

雄性和雌性努比亚羱羊的头上都有角，用于战斗和守卫领土，或性选择。雄性的角又大又黑，上有清晰可见的圆环，这是它们每年生长过程发生中断而形成的。雄性的羊角长度可达120厘米，雌性的羊角可达35厘米。

雌性努比亚羱羊和3岁以下的幼崽都生活在10～20只个体组成的小型族群里。而雄性大部分时间都与其他"单身汉"待在一起，或者独处。只有在交配季节，雄性才会融入雌性羊群，并与其他雄性激烈地争夺交配权。雄性努比亚羱羊繁殖的成功率与它们的身体素质和角的大小都有直接关系。雄性间经常争斗，它们用角相互顶撞，试图压倒对手，作战时还会扬起背上长长的黑毛。10月到12月的交配季节，雄性努比亚羱羊很少进食，同时还要花费大量精力进行战斗和交配，它们的身体状况因此每况愈下。雌性发情通常持续24小时，期间会交配2～3次，经过150～165天孕期，

在5月和6月之间产下一只小羊羔（偶尔会产下两只）。小羊羔平均需要2个月的时间断奶，在此期间，雌性努比亚羱羊每天给幼崽哺乳，教它们独立觅食，以及如何在它们生活的群体中确立自己的地位。雌性只哺育自己的后代，对其他母亲的后代抱有敌意。这大概是因为繁殖后代需要投入大量精力。

努比亚羱羊的食物包括草、灌木、树叶（特别是金合欢叶）、嫩枝和果实，一般在靠近水源的地方觅食。实际上，该物种与大多数沙漠动物不同，它们几乎每天都在喝水。它们的被毛轻薄光滑，泛着光泽，能够反射大部分太阳辐射，使它们在白天甚至炎热的夏日午后也能保持活力。夏季的夜晚，努比亚羱羊会在山坡的空旷地带歇息，这样在遇到危险时就有很多逃跑的路线。寒冷的冬夜，羊群则会选择在有遮蔽的地方休息，如岩洞里或突出的岩壁下。努比亚羱羊的被毛还具有防水功能，它们不喜潮湿。

■ 第40～41页图：一只雄性努比亚羱羊（*Capra nubiana*）正在炫耀它无比雄伟的羊角。摄于巴林，哈瓦尔群岛。

■ 左图：一只年轻的努比亚羱羊面对着令人惊叹的风景若有所思。摄于以色列，甘达罗姆。

记 事 本

羱羊托儿所

在以色列阿伏达特国家公园里，羱羊群有一种独特的行为。雌性羱羊会将幼崽留在悬崖峭壁内的"托儿所"里，与许多其他小羊羔一起，没有成年羱羊照看。实际上所谓的"托儿所"很有可能是个偶然形成的陷阱，羱羊幼崽们落入峭壁之间，无法脱身。雌羊会经常到"托儿所"中给小羊羔哺乳，小羊羔会一直待在峡谷中，待到足够成熟后方能爬上峭壁，走出"托儿所"。

■ 上图：一只雄性努比亚羱羊正在攀爬岩壁。摄于巴林，哈瓦尔群岛。
■ 右图：日落时分，三只努比亚羱羊在多岩的山脊上留下一抹剪影。摄于巴林。

▎天敌与威胁

努比亚羱羊的主要天敌有花豹（*Panthera pardus*）、狼（*Canis lupus*）、条纹鬣狗（*Hyaena hyaena*）以及人类。年幼的努比亚羱羊也可能被金雕（*Aquila chry-saetos*）、雕鸮（*Bubo bubo*）捕食。为了减少沦为捕食者盘中餐的风险，努比亚羱羊大部分时间都待在岩壁和山坡上。一旦感受到威胁，它们就用后腿站起，用强劲的角来直面对手。

然而，努比亚羱羊受到的主要威胁来自偷猎，家养山羊、骆驼或驴入侵它们的栖息地也会对其造成威胁。在一些国家，如以色列和沙特阿拉伯，尽管相关保护措施往往不能得到彻底落实，努比亚羱

羊还是得到了较为充分的保护。目前，在大多数有努比亚羱羊生活的地方，狩猎都是非法的，尽管如此，偷猎问题仍然普遍存在。在叙利亚和黎巴嫩，努比亚羱羊已经濒临灭绝，罪魁祸首恰恰就是过度狩猎。除此之外，努比亚羱羊身体的各个部分（血液、脚跟骨、粪便、心脏甚至胃液）被民间用作药材。在许多国家，努比亚羱羊种群已经减少到只有几个样本，目前具体数量尚不明确。据估计，努比亚羱羊总共不到10000只，且数量呈下降趋势。因此，世界自然保护联盟将它们列为易危物种。

沙漠生机

　　沙漠环境的特点是温度高、太阳辐射强、风干燥、降雨量低和植物稀疏。尽管在沙漠中，动植物生存要面临诸多困难，但这里并非不毛之地，而是许多物种的家园。不过，在沙漠中生活的动物必须学会调节体内的水分，不仅要保证平衡，还要应对水分不断流失的问题：进入体内的水分必须大于通过尿液、汗液和蒸腾作用等方式排出的水分。例如，许多小型沙漠啮齿动物即使不喝水也能实现正向水平衡，它们可以通过控制蒸发来减少体液损失，同时产生高浓度的尿液，以便用最少的水带走含氮废物。白天，它们留在专门挖就的洞内，只有夜晚才出来觅食。

▥ 左图：一只大耳猬（*Hemiechinus auritus*）正在观察一只甲虫，这可能是它的猎物。摄于蒙古，戈壁沙漠。

沙漠里的小居民

沙漠里的生活条件非常恶劣，有时候，体形小巧也是一种优势。体形小巧的动物所需的食物也更少，并且一个小洞就足够让它们安身，成为它们完美的庇护所。

▶▶ 啮齿动物

啮齿动物广泛分布于整个地球，占据着各种各样的生存环境。亚洲的沙漠也不例外，这里居住着各种能够适应恶劣气候环境的物种：仓鼠、长耳跳鼠和各种各样的沙鼠都在这片看似荒凉的大地上奔波着。

跳鼠是哺乳纲的一个小型科，它们的四肢特别适合在沙质栖息地进行挖掘和跳跃。跳鼠的后腿比前腿长5倍，这一特征让它们看起来非常怪异，也让它们能够跳出3米之远！由于身体极其小巧，包括

尾巴在内可能只有10多厘米长，它们能弹跳如此远的距离可谓名副其实的壮举。实际上，跳鼠的尾巴也非常灵活和纤长，几乎是身体的两倍。跳鼠科中的有些物种是中亚沙漠中特有的，如长耳跳鼠（Eu-choreutes naso）、三趾心颅跳鼠（Salpingotus kozlovi）、内蒙羽尾跳鼠（Stylodipus andrewsi）和巨泡五趾跳鼠（Allactaga bullata）。

2007年，长耳跳鼠被列入伦敦动物学会发起的非常见动物保护计划中，"非常见动物"即那些具有独特的进化历史，几乎没有近亲，在遗传上也不同寻常的动物。该计划纳入了564个符合这些特征的物种，其中10个物种被列为该计划的核心物种，需要优先保护，长耳跳鼠也位列其中。每一物种对应的专家小组被派往自然栖息地，以评估其生存状况。

在该计划的支持下，长耳跳鼠于2007年首次被拍摄到，而在此之前，它们一直难觅行踪。长耳跳鼠体形小巧，通常在夜间活动，再加之生活环境恶劣，所以研究它们非常困难。长耳跳鼠跳跃时就像一只微型袋鼠，它们的脚上覆盖着短毛，看起来类似雪靴，让它们能在沙地上长距离跳跃。顾名思

第48～49页图：从这只长耳跳鼠（*Euchoreutes nose*）的特写可见，与身体相比，它们的耳朵很大。摄于蒙古，戈壁沙漠。

左图和上图：一只长耳跳鼠正在用牙齿挖洞。

义，长耳跳鼠的耳朵很长，是哺乳动物中耳朵和身体之比最大的动物之一。据影像显示，这些跳鼠白天在沙子下的地道中度过，主要以昆虫为食。

三趾心颅跳鼠也是一种非常小巧的啮齿动物，它们的头部相对较大，不包括长约12厘米的尾巴，其体长为4.3～5.6厘米，体重为7～12克。它们的后腿有三个

脚趾，脚底有层厚毛。白天，三趾心颅跳鼠主要待在洞穴里，黄昏时才出来，以种子、草以及蜘蛛等昆虫为食。

该物种的总体数量不详，但据推测，其种群非常庞大。由于三趾心颅跳鼠目前出现在多个保护区内，世界自然保护联盟暂未确定其具体威胁，只将其保护状况评估为无危。

巨泡五趾跳鼠是最喜欢沙漠环境的啮齿动物之一。它们是夜行动物，喜欢独来独往，白天大部分时间都在简单的洞穴中度过。洞穴深度可达60厘米，在浅色沙地上很容易被发现。巨泡五趾跳鼠的食物有植物的种子和根茎，也有蝗虫和甲虫等昆虫或幼虫。巨泡五趾跳鼠以双足行走时，它们长长的尾巴能够起到支撑和加速的作用。这种啮

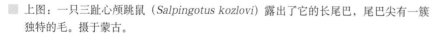
上图：一只三趾心颅跳鼠（*Salpingotus kozlovi*）露出了它的长尾巴，尾巴尖有一簇独特的毛。摄于蒙古。

中图：这只巨泡五趾跳鼠（*Allactaga bullata*）正在用后腿弹跳。摄于蒙古。

右图：一只直立的大沙鼠（*Rhombomys opimus*）正在仔细观察地平线。摄于蒙古，戈壁古尔班赛汗国家公园。

齿动物还有一个显著特征，就是它们的耳朵：它们的耳朵几乎是头的三倍大，这不仅能使其听觉更加敏锐，还能为它们提供保护，以防捕食者偷袭。除此之外，大耳朵有助于散热，这在炎热的沙漠白昼非常必要。

大沙鼠（*Rhombomys opi-mus*）是沙鼠亚科中最大的物种，不包括尾巴约体长为15～20厘米。这些啮齿动物能在雪地里过冬，这要归功于它们厚实、浓密而柔软的被毛，以及它们长长的尾巴。大沙鼠体形壮硕，爪子又长又锋利，可用于挖掘洞穴，大沙鼠的洞穴相当宽敞，还有独立的空间用于休息和储存食物。

这些昼伏夜出的啮齿动物生活在由许多家庭组成的大型族群中，每个家庭占据同一个洞穴或一组相连的洞穴，形成复杂的地下通道网络。它们的繁殖季节紧随雨季之后，从4月一直持续到9月。大沙鼠以各种植物的种子、果实、根部

等为食，依靠其中的水分来度过最干旱的时期。它们还会收集浸润夜露的种子，然后带到相对湿度较高的洞穴里，以保持种子的含水量。

大沙鼠能够巧妙地逃脱捕食者的追击，在恶劣的环境下得以生存。它们沙色的背部与沙漠融为一体，很难被捕食者发现；它们的大耳朵能听到雕鸮和昼行猛禽发出的低频声音，帮助它们及时逃离；大大的眼睛则让它们拥有广阔的视野。此外，人们还认为，大沙鼠尾巴末端的毛鬃可以分散捕食者的注意力，被毛鬃吸引的猛禽可能会袭击沙鼠的尾巴，从而给它们留下足够的逃跑时间。

大耳猬

大耳猬（*Hemiechinus auritus*）从不畏惧干旱的环境，它们通常在绿洲或人类聚居点，如耕地附近栖居。大耳猬体长在12～27厘米之间，还须加上条1～5厘米长的尾巴。顾名思义，它们的耳朵要比其他刺猬大得多，可以用作体温调节系统，散掉过多热量，防止身体过热。另外，它们的嗅觉与听觉高度发达，能够定位猎物与捕食者。

和其他刺猬一样，大耳猬是一种杂食性动物，通常在夜间进食，为寻找食物可以移动长达9千米的距离。它们的食物主要包括昆虫和其他小型无脊椎动物，也包括蛋、果实和小型脊椎动物，如蛙和蜥蜴，以及小型哺乳动物。

大耳猬生命力非常顽强，即使没有食物和水，也能生存10周之久。

关于大耳猬野外繁殖和发育的数据目前不多。大耳猬每年只产一胎，通常在7月至9月之间。雌性大耳猬孕期为35～42天。刚出生的幼崽重约10克，双眼紧闭，且身体大部分都是裸露的，只有些非常柔软的刺。它们的刺的发育非常迅速：出生后5小时内，其长度就会增长4倍；两周后，大耳猬幼崽的身体就会完全被刺覆盖；一个多月后，它们看上去就已经和成年大耳猬没什么不同了。

记事本

防御策略

与大多数刺猬一样，对于大耳猬来说，身上的尖刺是它们的防御武器；同时，它们还能非常迅速地奔跑。大耳猬典型的防守策略是把身体蜷缩成一团，将刺竖起来。正因如此，大耳猬背部有两大块肌肉用来控制脊柱。当身体蜷起来时，它们背部的刺会保护没有刺的面部、腿部和腹部。大耳猬的刺嵌在一个袋状的肌肉鞘里，既可以缩到里面，也可以举起刺来应对捕食者。由于这种做法的有效性取决于刺的数量，一些沙漠刺猬随着身体不断进化，其可携带重量逐渐减小，所以相比于用刺攻击，它们更愿意选择逃跑。

棘刺虽然是防御捕食者的绝佳武器，但却会给刺猬的交配造成麻烦。交配过程中，雌性大耳猬趴在地上，四肢张开，雄性大耳猬则用后腿立起，站在雌性体后。即便如此，雄性大耳猬还是免不了被扎到。

▨ 左图：黄昏时分，一只大耳猬（*Hemiechinus auritus*）正在戈壁沙漠的沙丘间奔跑，寻找昆虫。
▨ 上图：一只大耳猬蜷缩着，呈现出典型的防御姿态。摄于蒙古，戈壁沙漠。

敏捷的掠食者

它们在寻找猎物时行动隐蔽，能够完全适应极端气候，干旱、酷热和严寒都不会让这些沙漠猎手们退缩。它们大多是夜行性动物，白天躲起来，黄昏时分才出来寻找食物，落入它们口中者数不胜数。

沙猫（*Felis margarita*）通常分布在三个地区：非洲的撒哈拉沙漠（阿尔及利亚、尼日尔和摩洛哥）、整个阿拉伯半岛和中亚地区（土库曼斯坦、伊朗、巴基斯坦和阿富汗）。

该物种被称为"嗜沙动物"，它们喜欢生活在沙地上，且经常出现在极旱环境中，如没有植被的平原，以及长有灌木和树木的岩石山谷。沙猫生活的环境条件极端，温度变化极大，白天可以达到51℃，晚

记 事 本

猎蛇者

　　沙猫是肉食动物，以各种猎物为食，如沙鼠、田鼠、野兔、蜘蛛、爬行动物、鸟类、昆虫和毒蛇。事实上，众所周知，沙猫是勇敢无畏的猎蛇者，甚至能够攻击毒蛇。另外，沙猫也被认为是机会主义者，它们能够在贫瘠的栖息地中利用一切可能的资源来作为食物来源。水在沙漠中是最宝贵的资源，沙猫能从猎物身上获取它们在沙漠中赖以生存的水分。

　　■ 上图：一只沙猫（*Felis margarita*）正在享用一条撒哈拉角蝰（*Cerastes vipera*），它是勇敢无畏的猎蛇者。

■ 第56~57页图：一只雄性沙猫正迈着轻巧的步伐走过干旱的土地。
■ 右图：一只沙猫爬上了树。

上则降到−0.5℃。

　　沙猫的体形和家猫差不多，是最小的野生猫科动物之一。雄性沙猫的体重在2.1~3.4千克之间，雌性体形较小，体重在1.4~3.1千克之间。它们的显著特征是有双非常大的耳郭，能够保护它们免受风沙侵袭。沙猫最发达的感官是听觉和嗅觉，作为夜行动物，它们主要依靠高度灵敏的听觉来定位地表下方移动的猎物。

　　沙猫的鼓膜和鼓室取决于其身体大小，但比其他任何猫科动物都大。沙猫身上覆盖着厚厚的被毛，可以保护它们免受夜间恶劣气温的影响。其被毛颜色从浅黄色到灰色不等，尾巴和四肢上有深棕色或黑色条纹。爪垫上覆盖着蓬松的黑毛，保护它们不被沙漠炎热的地表灼伤，同时还能防止它们陷入

沙中。

　　沙猫是一种独居动物，目前我们对这种动物的交配模式了解不多，研究人员收集到的数据也都来自圈养样本。沙猫的孕期为59~63天，雌性沙猫一胎可生下4~5只幼崽，幼崽在6~8个月大时走向独立。

　　这类猫科动物不善攀爬，但擅长挖洞，它们能够挖掘出浅浅的洞穴，作为白日里躲避高温的庇护所。

　　此前，沙猫被列为濒危物种，自2016年起，世界自然保护联盟将它们重新划分为无危物种，因为据估计，其全球种群规模已经超过了受威胁物种的标准。目前，沙猫受到的主要威胁来自栖息地退化，这主要是人类的活动，特别是放牧造成的。放牧会导致植被覆盖减少，进而影响沙猫的猎物数量，只有植被覆盖适当，沙猫才能够获得充足的猎物。干旱和荒漠化已使得植被分布发生巨大波动，而人类活动又进一步加剧了植被的退化。

　　耶路撒冷圣经动物园已经开始在以色列阿拉瓦沙漠中实施沙猫的重新引入项目。研究人员首先将圈养出生的个体关在适应性围栏内，随后再将它们放归野外，但不幸的是它们并没能存活下来。事实上，沙猫在人工饲养的情况下非常容易患有上呼吸道感染的疾病，如传染性鼻气管炎，该疾病也是导致成年沙猫死亡的主要原因。

沙狐

沙狐（*Vulpes corsac*）也被称为"荒原之狐"，常居住在中亚的干草原、半沙漠和沙漠里。它们的体形小于赤狐（*Vulpes vulpes*），腿很长。沙狐体长45～60厘米，蓬松的尾巴长24～35厘米，雄性沙狐体重为1.6～3.2千克，雌性体重为1.9～2.4千克。沙狐被毛的颜色随季节变化而变化，春季和秋季时通常换上"新衣"；夏季，它们的被毛呈棕灰色甚至红色，喉咙下方和腹部会变成淡黄色；冬季沙狐的毛色则呈浅灰色，沿背部布有深色条纹，毛尖为银白色，被毛也变得更加柔软密实，且富有光泽。

沙狐能够适应严寒而干旱的环境，忍耐长期不饮水、不进食。它们通常在夜间活动，一天进行两次狩猎：第一次从傍晚开始，到半夜结束；第二次则在黎明前开始。有些时候，沙狐也可以在白天活动，特别是在夏天抚育幼崽的时候。

该物种比其他狐类更具社会性，它们生活在由一对雌雄沙狐及其后代组成的族群中。来自不同族群的成员可以共享同一洞穴。由于沙狐不会自己挖洞，它们通常利用其他动物挖掘的洞穴，如旱獭遗弃的洞穴。

左图：一只沙狐（*Vulpes corsac*）站在亚洲干草原的灌木丛间。摄于蒙古。

沙狐是机会主义者，它们以在栖息地能发现的一切资源为食，如啮齿动物、昆虫和鸟类，当猎物稀缺时，植物也能用来果腹。北部地带的沙狐主要捕食狭颅田鼠（*Microtus gregalis*）和草原兔尾鼠（*Lagurus lagurus*），其他地区的沙狐则主要捕食大沙鼠（*Rhombomys opimus*）、五趾跳鼠（*Allactaga*）以及长尾黄鼠（*Spermophilus undulatus*）。不过，沙狐一般很少捕食较大的猎物，如鼠兔（*Ochotona*）、野兔（*Lepus*）或旱獭（*Marmota*）。

沙狐的繁殖季节为1月至3月，其间，雄性沙狐会相互争夺雌性。战斗结束后，雌雄沙狐结为一对夫妻，族群中的所有成员会一起照顾幼崽。沙狐的孕期为50~60天，雌性沙狐分娩前会准备一个巢穴，通常与其他雌性共同使用。每只雌性沙狐会在巢穴里生下2~10只幼崽。小沙狐出生时没有视力，但已长出了厚厚的毛。

沙狐的主要天敌是狼，尤其是在冬季有大量积雪的时候。夏季，赤狐会潜入它们的巢穴，杀死它们的幼崽但不吃掉。沙狐面临的其他威胁还有猛禽，如金雕（*Aquila chrysaetos*）、大𪁫（*Buteo hemilasius*）、雕鸮（*Bubo bubo*）还有雪鸮（*Bubo scandiacus*）。

由于沙狐的皮毛美观厚实，在过去它们曾被大量猎杀，遗憾的是，直至今日，它们的皮毛还在许多地方备受追捧，特别是在中国、蒙古和俄罗斯。尽管如此，沙狐依然相对常见且分布广泛。目前尚未统计沙狐分布地区的具体样本数量，世界自然保护联盟将它们列为无危物种。关于沙狐种群数量变化趋势的信息大多是基于被猎杀个体的数量，假若在短时间内，沙狐种群数量波动极大，那么通常是由特殊气候引起的，如冬季温度骤降，且发生强降雪。环境恶劣的时候，仅仅一年内其种群数量就可能下降十倍；气候适宜时期，其种群数量则可能以同样的幅度增加。

沙狐面临的另一威胁是，它们栖息的干草原正在逐渐转变为耕地，沙狐一般会远离农耕区或牧场。■

■ 右图：一群沙狐幼崽正站在巢穴入口前等待父母归来。摄于蒙古。

聚焦 路氏沙狐

路氏沙狐（*Vulpes rueppellii*）的体形相当小巧，包括尾巴在内，其最大体长约为52厘米。和大多数生活在沙漠中的狐狸一样，它们有双大耳朵和毛茸茸的足垫，可以保护它们免受炙热的沙子烫伤。路氏沙狐的被毛一般为米色，生活在多岩石地带的路氏沙狐则毛色偏灰，以便更好地隐匿。

和沙漠环境中的众多捕食者一样，路氏沙狐几乎以它们能搜寻到的任何猎物为食，如昆虫和小型哺乳动物，甚至植物的根茎与块茎都在它们的食谱里。这些犬科（Canidae）动物在黄昏或夜间活动，白天则躲在巢穴之中。非繁殖季节里，一个洞穴只能容纳一只成年路氏沙狐，且它们通常每隔五天就会搬一次家。而繁殖季节的洞穴空间则较大，能容纳一对成年路氏沙狐和它们的幼崽。

路氏沙狐的肛门处有臭腺，可以用于种间识别，或用于抵御掠食者，防御方式和臭鼬非常相似。受到威胁时，它们会抬起尾巴，向敌人喷射带有气味的分泌物。雌性路氏沙狐还能利用臭腺来标记巢穴。

◾ 左图：夜晚时分，一只路氏沙狐（*Vulpes rueppellii*）从洞穴探出头来。摄于阿拉伯联合酋长国。

爬行动物

生活在地球上最干旱的地方意味着每天都要为生存而斗争，因为在这里食物和水等基本资源是十分有限的。通常而言，在恶劣环境中生存和繁殖的首要原则就是在白天躲进巢穴。

荒漠巨蜥

　　荒漠巨蜥（*Varanus griseus*）可以通过几个特征来辨别：它们的头部呈三角形；体色呈黄褐色到灰褐色，带有深色的横向条纹；鼻孔非常靠近眼睛。这种巨蜥受到承认的亚种有3个，广泛分布于伊拉克、叙利亚、约旦和亚洲中部的沙漠地区。不同亚种的体表条纹数量各不相同，身体上有3~8条条纹不等，尾巴上则有8~28条条纹不等。荒漠巨蜥尾巴的横截面既可能

第66~67页图：荒漠巨蜥（*Varanus griseus*）的模样令人印象深刻。

上图：这只荒漠巨蜥在一丛植物的阴凉下休息。

右图：一只荒漠巨蜥在沙丘上爬行。

呈圆形，也可能略微扁平。荒漠巨蜥的体形也因不同亚种而异：最大的里海荒漠巨蜥（*Varanus griseus caspius*）体长达150厘米，而最小的孔氏荒漠巨蜥（*Varanus griseus koniecznyi*）只有80多厘米长。荒漠巨蜥尾巴与身体其他部分的比例几乎能达到2:1。

▶ 潜在威胁

遗憾的是，目前荒漠巨蜥的保护状况仍然不明朗。在过去，人类经常猎取它们的皮肉。如今，出口荒漠巨蜥活体或标本已经被列为非法行为，但有些人类活动还是给这些动物带来了潜在威胁，例如雄心勃勃的英迪拉·甘地·纳哈尔项目（Indira Gandhi Nahar Project）。该项目旨在灌溉沙漠地区，使沙漠地区的土地更适于发展农业，但同时也削减了荒漠巨蜥的栖息地，导致它们种群数量下降。

荒漠巨蜥是变温动物，所以它们的体温和环境密切相关。实际上，它们的体温在白天和晚上，以及在不同季节里都会发生变化。这就是为何在一天中温度最极端的时间段，它们会躲藏在地下挖就的隧道里，这些隧道长达5米，深达1.5米。鼻孔靠后的特征在挖掘隧道时大有裨益。这类爬行动物在清晨和傍晚时分活动，这时它们通常外出觅食，它们的猎物包括无脊椎动物、小型爬行动物、小型哺乳动物和蛋。荒漠巨蜥活动和狩猎的效率与它们的体温密切相关：体温越高，它们的速度就越快，反之亦然。正常情况下，它们的体温不超过38.5℃；如果体温低于21℃，它们甚至会无力从掠食者口中逃脱，同时变得极具攻击性来保护自己。较寒冷的季节里，它们也可能会冬眠。

这类爬行动物通常独居生活，繁殖季节在春末夏初之间。产卵后三个月左右孵化。

聚焦 丰富的食谱

荒漠巨蜥是肉食性动物，同时它们既表现出活跃的捕食者的行为，也表现出清道夫的行为——只要是适合它们嘴巴大小的猎物，都可以充当它们的食物。

研究者们在长达两年的时间里，通过分析以色列霍隆附近沙丘上发现的巨蜥粪便发现，该物种的主要猎物有：啮齿动物，特别是沙鼠［小沙鼠属（*Gerbillus*）和沙鼠属（*Meriones*）］；鸟蛋，据推测为石鸡（*Alectoris chukar*）所产；鸟类（主要是山鹑雏鸟）；还包括铜蜥（*Chalcides*）、蜥蜴（*Acanthodactylus*）、避役（*Chamaeleo chamaeleon*）、狭趾虎（*Stenodactylus sthenodactylus*）、欧洲陆龟（*Testudo graeca*），以及包括有毒的巴勒斯坦圆斑蝰（*Xanthina palaestinae*）在内的蛇类。不太常见的猎物包括大耳猬（*Hemiechinus auritus*）、欧洲野兔（*Lepus europaeus*）、小臭鼩（*Suncus etruscus*）、绿蟾蜍（*Bufo viridis*）和非洲跳鼠（*Jaculus jaculus*）。

荒漠巨蜥勇于接近毒蛇，正因如此，它们也在北非获得了"蛇中之王"的绰号。毒蛇的毒液能同时作用于血液和神经系统，而这种巨蜥似乎能够对具有血液毒性和神经毒性的毒液免疫。沙漠巨蜥还会主动出击，一旦到达猎物近前，它们就会用强劲的下颌死死咬住猎物的脖子，猛烈摇晃，再将其整个吞下。此外，沙漠巨蜥还能跳进水里，像游泳健将一般在水中捕食。

■ 左图：一只沙漠巨蜥正在同有毒的撒哈拉角蝰（*Cerastes vipera*）搏斗。

伊犁沙虎

伊犁沙虎（*Teratoscincus scincus*）又称蛙眼守宫，是最大的壁虎之一，体长约16厘米。该物种头部宽大，四肢有力，尾巴相对较短。成年伊犁沙虎体表富有光泽，微微泛黄，且有深浅交替的斑点，腹部和身体两侧为白色；而刚从卵中孵化的伊犁沙虎则呈亮黄色，有黑色条纹。与其他壁虎不同的是，伊犁沙虎的指尖并没有为方便攀爬而增大，而是布有一系列梳齿状排列的鳞片，让它们能够更加方便地在沙质栖息地移动。伊犁沙虎的眼睛很大，非常突出，双眼没有眼皮，让人不禁联想到蛙的眼睛，这也恰恰是其名字的来由。它们头部的鳞片很小，相比之下，其躯干、四肢和尾巴上覆盖的鳞片则大得多，特别是覆盖在尾巴上侧的鳞片。

除了发出高亢的叫声，伊犁沙虎还能靠摆动尾巴，摩擦鳞片来发出沙沙声进行防御。假若受到挑衅，它们就会摆出示威的姿态：用趾尖站起来，弓起背，张开嘴并打开喉咙，将尾巴像鞭子一样甩动。

左图：图中伊犁沙虎（*Teratoscincus scincus*）的眼睛很大，非常突出，没有眼皮。摄于伊朗扎布尔。

上图：一只变色沙蜥（*Phrynocephalus versicolor*）正在戈壁沙漠上晒太阳，它的吻部呈典型的圆钝形状。摄于蒙古。

变色沙蜥

变色沙蜥（*Phrynocephalus versicolor*）包括尾巴在内的体长可达13厘米。它们的尾巴底部扁平，末端为圆柱形。它们的头部大而圆，吻部呈独特的圆钝形状，从上方能够清楚地看到鼻孔。该物种体表色彩丰富，脊背为橄榄绿或灰色，有2~5条横向棕黑色条纹，肩部通常有一块鲜艳的橙色斑块。

这种爬行动物栖息于蒙古和中国，既能生活在石质平原，也能生活在植被稀少的沙丘上。变色沙蜥大部分栖息地都在海拔3200米以上的地带，那里的温度从冬季的-30℃到夏季的40℃不等，降雨稀少且集中在夏季。

变色沙蜥在寒冷的季节里会冬眠，以保护自己不受冬季严寒的影响，春夏两季则较为活跃，一直持续到九月底。夏季时，变色沙蜥会在洞穴里休息，特别是寒冷的夜晚和酷热的正午。它们的洞穴是一条隧道，只有一个入口，尽头是一个宽敞的洞室。

该物种以昆虫为食，如蚂蚁、苍蝇、蝗虫和甲虫。下雨时，它们会摆出一种特殊的姿势：将后腿伸直，前腿弯曲，头低下，这样水就会从它们背上流到嘴里。

雌性变色沙蜥成长至体长约9厘米时就可以进行繁殖。雨季里，它们会在潮湿的土壤中挖出一个深度约为5厘米的洞，在其中产下最多5枚卵，孵化期约为30天。

世界自然保护联盟目前将该物种的保护状况评估为无危，因为它们的分布范围很广，在干旱环境中非常常见，种群数量也相对稳定，尚未发现特别的威胁。

如果威胁持续存在，它们就会迅速跳上前去咬住进攻者；除此之外，它们还会采取防御策略，主动断去尾巴脱身。

伊犁沙虎是夜行性动物，白天它们会在洞穴中歇息，以保持身体凉爽和湿润。它们的食谱非常多样，包括昆虫和蜥蜴。

沙漠飞行

沙漠的天空愈发湛蓝，时间仿佛静止。无数鸟类在沙地和岩石之间盘桓，寻觅食物和水源，也在这片天空里留下了纵横交错的轨迹。在它们之中，最有特色的要数松鸦、毛腿沙鸡以及漠鹏。

毛腿沙鸡

毛腿沙鸡（*Syrrhaptes paradoxus*）是中亚干草原和半沙漠的特有物种，栖息在草丛和灌木等植被稀少的环境中。毛腿沙鸡夏季的活动范围在海拔1300～3250米之间，冬季则海拔较低。它们通常会绕开沙地，在黏土地上活动。

毛腿沙鸡体长27～41厘米，雄性体重250～300克，雌性稍轻，翼展60～78厘米。毛腿沙鸡尾部的羽毛又细又长，腹部黑色的羽毛与其他部位形成鲜明的对比。

毛腿沙鸡在飞行中最常发出的

声音像反复的鼻息声。成群结队地飞行时，它们总是同时扇动翅膀，发出这种声音，继而再发出一阵持续的鸣叫，听起来颇像一群海鸥。

4月中旬至6月，雌性毛腿沙鸡在巢中产下2到3枚卵。它们的巢通常位于地面，有时会被灌木或草丛遮挡，且通常搭建在其他毛腿沙鸡的巢附近。雌性毛腿沙鸡独自孵蛋，一般需要耗时22～28天，雄性毛腿沙鸡则在雏鸟孵化完后负责为它们送水。为了完成这项任务，雄性毛腿沙鸡有一种特殊的行为：它们会将自己胸部和腹部的羽毛浸满水，然后再回到巢中，等待雏鸟饱饮自己羽毛间的水。

该物种以多种植物的种子和嫩芽为食，偶尔也吃昆虫；在某些地区，它们甚至食用农作物，如小麦或小米。毛腿沙鸡通常在早晨6点到10点之间去寻找水喝。它们活动的高峰期在9点到10点，绝不会超过12点。

有些毛腿沙鸡是候鸟，它们会在9、10月到3、4月的冬季离开北方地区，移动的距离取决于降雪量。

第74～75页图：一只雄性毛腿沙鸡（*Syrrhaptes paradoxus*）正在着陆。摄于蒙古。
左图：一群毛腿沙鸡在戈壁沙漠的蓝天飞翔。摄于蒙古。
上图：一只归巢的漠䳭（*Oenanthe deserti*）为它的雏鸟带回了猎物。摄于蒙古，戈壁沙漠。

漠䳭

漠䳭（*Oenanthe deserti*）是一种体长约15厘米，体重为15～34克的雀形目鸟类，栖息于干旱的草原、干燥的河床以及多砾石的平原。

雄鸟的背部呈沙色，与腹部的白色泾渭分明，一排黑色的羽毛沿着翅膀边缘一直延伸到尾部末端。鸟喙后方，包括双颊和喉部为黑色。雌鸟上体和尾部为更加明显的棕色，喉部没有黑色羽毛。

该物种在一年中的繁殖期根据其所在地区而有所差异：居于以色列的漠䳭的繁殖期从4月初到7月中旬；居于巴基斯坦和帕米尔地区的漠䳭的繁殖期从5月开始；居于中亚的漠䳭的繁殖期从4月到6月；居于蒙古的漠䳭的繁殖期从4月下旬到8月中旬；居于戈壁沙漠的漠䳭的繁殖期则从5月中旬到8月中旬。漠䳭的巢非常宽敞，由草和植物纤维编成，铺有干草、羽毛、动物毛发，如羊毛等。它们的巢可以搭建在各种各样的地方，如河岸上的洞、岩壁的缝隙、巨石或石堆之下、灌木丛中、树根之间或啮齿动物的废弃洞穴里。雌鸟一次产下3至6枚卵，这些卵由雌鸟独自孵化，雄鸟则负责在雏鸟孵化后照顾它们。

▶ 巴格拉克之谜

马可·波罗在《马可·波罗行纪》中描写了一种名为"巴格拉克（bugherlac）"的鸟，这种鸟生活在西伯利亚巴尔忽平原上："此鸟大如鹧鸪，爪如鹦鹉，尾如燕，飞甚捷"。目前仍然不清楚该物种是否确实存在，但也有人认为马可·波罗描述的可能是毛腿沙鸡。不过，在土耳其也有两个类似的物种，同样为沙鸡属（*Pterocles*），分别是白腹沙鸡（*Pterocles alchata*）和黑腹沙鸡（*Pterocles orientalis*）。

■ 上图：一只漠䳭展翅飞翔。摄于以色列埃拉特。

这种鸟类主要以无脊椎动物为食，但人们对其胃部残留物进行研究后发现，它们也能以种子为食。

漠䳭虽然能够在飞行中捕捉昆虫，但它们通常选择停在灌木丛或岩石壁上，观察四周，搜寻猎物。

一旦它们确定目标，就会扑向昆虫及其他小型无脊椎动物。它们的猎物通常包括蚂蚁、甲虫、毛虫、苍蝇和各种昆虫的幼虫，也包括狮蚁（Myrmeleontidae）。

目前，漠䳭被世界自然保护联盟评估为无危物种，因为它们分布的范围极广，种群数量虽然尚未有确切测算，但似乎非常稳定。据估计，欧洲约有220～2200个成熟个体。

▶ 葡萄酒之花

漠䳭的属名为䳭属（Oenanthe），该词由古希腊语的"onios"和"anthos"两词组成，意思分别为"酒"和"花"。每逢春季，沙漠中的葡萄开花之时，这种鸟就会迁徙回希腊北部。目前漠䳭受到国际鸟类学会代表大会承认的亚种有三个：东方的漠䳭指名亚种（Oenanthe deserti deserti）、西撒哈拉的漠䳭非洲亚种（Oenanthe deserti homochroa），以及中国西部的西藏等地区、巴基斯坦、克什米尔地区和非洲东北部地区的漠䳭青藏亚种（Oenanthe deserti oreophila）。

■ 上图：一对沙雀（*Bucanetes githagineus*）站在水洼中。摄于阿曼。

沙雀

沙雀（*Bucanetes githagi-neus*）居住在沙漠和半沙漠地区的多岩石丘陵和山地，通常避开沙地。它们的喙短而粗，适合撬开坚硬的种子，喙的颜色为艳丽的橙黄色或暗红色。繁殖季节，雄鸟的沙色羽毛会变成暗黄色，与它们生活的沙漠融为一体，便于伪装。沙雀的尾巴短而分叉，所以它们在停落时会显得翅膀特别长。

沙雀昼伏夜出，主要在地面上寻找食物。它们相当善于交际，非繁殖季节里也经常能看到10~20只沙雀聚成一群，一起觅食。

每当繁殖季节开始，雄鸟就会唱起求偶之歌，声音类似于玩具喇叭发出的嗡嗡声。沙雀鸟巢呈杯状，由植物茎秆粗壮的部分编成，铺有干草或动物毛发，通常建造在地面上石头间的裂缝中，或岩壁上的凹陷处。雌鸟每天产下一枚卵，总共能够产下4至6枚。孵卵任务由雌鸟独自负责，从最后一枚卵产下算起，需耗时13至14天。雏鸟孵化后，父母双方都会辛勤地投入到喂养雏鸟的工作中去。沙雀与同属其他鸟类一样，繁殖季节里，喉部会长出侧袋，这能让它们在远程飞行时携带大量食物。

该物种目前分布范围广，种群数量虽未准确测算，但似乎非常稳定，所以并非濒危物种。■

需要捍卫的宝藏

　　亚洲沙漠地处偏远，一望无际的广袤土地上寂静无声。沙漠的温度非常极端，夏日的酷暑和冬季的严寒似乎对任何生物来说都是煎熬。然而生命依然在这片严酷的土地上悄然绽放，给我们带来难以置信的惊喜。这些以这片辽阔大地为家的奇特物种，在进化过程中发展出了惊人的适应性，有时甚至是违背常识的，像大自然造物主的灵光乍现。这些物种如此独特，它们已然成为沙漠的象征，譬如野骆驼（*Camelus ferus*），它们的名字令人在脑海中浮现出无垠的沙漠，还有被风洗刷的沙丘。然而，虽然有些物种在面对极端环境时展现出的适应性令人惊叹，当居住的环境发生变化时，它们却变得脆弱无比。气候变化、人类的过度干预和突如其来的流行病对许多物种造成的伤害愈发沉痛：高鼻羚羊（*Saiga tatarica*）、戈壁棕熊（*Ursus arctos gobiensis*）和阿拉伯豹（*Panthera pardus nimr*）等物种的种群数量在近十年内减少了一半，某些情况下甚至仅存几十个样本，离灭绝仅有一步之遥。

■ 左图：俄罗斯南部，两只雄性高鼻羚羊（*Saiga tatarica*）站在阿斯特拉罕大草原上。

野骆驼

三角形的吻部，浓密蓬松的鬃毛，高深莫测的表情，两个突出的耸立在背部的驼峰，这些特质是骆驼区别于其他生物的显著特征。在骆驼的身体里，一切都在不断变化，只有如此它们才能够在沙漠这样恶劣的环境中生存下去。

野骆驼（*Camelus ferus*）是沙漠的代名词，如今它们不仅生活在中国，还遍及整个戈壁沙漠。野骆驼体形庞大，是偶蹄目（Artiodactyla）的最大物种之一：从蹄到驼峰顶端的高度约为3米，有时甚至能够达到4米，体重可达500千克。

是什么让骆驼成为沙漠中最坚韧的动物之一？我们暂且将那些围绕它们而编织的神话抛开不谈，在栖息地的极端环境下，骆驼自身已经演化出数不胜数的适应性。首先，它们具备一种特殊能力，能够

▨ 第82~83页图：黎明时分，一群双峰驼（*Camelus bactrianus*）正在戈壁沙漠中行走。摄于蒙古。

▨ 上图：一只野骆驼（*Camelus ferus*）正在闲逛。摄于蒙古，戈壁古尔班赛汗国家公园。

▨ 右图：河北省张家口附近的巴山大草原上，三只驯养骆驼正在吃树叶。摄于中国内蒙古。

控制体内的水分消耗，当然，并不是像人们所想象的那样，把水储存在驼峰中或胃里。

实际上，骆驼只是把自身的水分流失降到了最低限度，这就是它们能够长达60天滴水不进的原因。另外，它们的身体也能调节体内温度，降低体内环境与外界环境的温差，从而减少排汗，如此一来，骆驼就能将热量储存在体内，以备在夜间释放。骆驼不仅能限制自身排汗，还能限制自身排尿，它们的肾脏可以减少尿液形成，进一步减少液体流失。骆驼大肠吸收水分的能力非常强，能脱干粪便中的水分。

另外，如有必要，骆驼还能利用贮存在体内组织中的水分，而不是从血液中提取水分，因此即使是在严重脱水的情况下，骆驼血液的体积也仍然能够保持不变。

骆驼可以一次喝下多达60升的水，它们的肠道能够大量摄入水分，随着时间的推移，水分会被身体逐渐吸收。如果骆驼体内有足够的水分，它们就不会过多地喝水，这点可以从驯养骆驼的行为中得到佐证，它们通常不愿饮用更多的水。冬天里，骆驼还会靠吃雪来增加体内的水分储备。

骆驼的驼峰内储备着脂肪，使得骆驼可以数日滴水不进，甚至连续几天不进食也能生存。脂肪消耗后所得的最终产物是水，可以被身体再次利用。

▶ 几座驼峰？

骆驼身上最具辨识度的特征是两座发达的驼峰，而有种骆驼只有一座驼峰，它的名字叫单峰驼（*Camelus dromedarius*）。事实上，单峰驼也有两座驼峰，只是前面一座驼峰极度萎缩。双峰驼和单峰驼之间还有另一区别：当骆驼的体内储备不多时，前者的驼峰通常会瘪下来，耷拉向一侧；后者的驼峰则只是体积缩小。

它们对沙漠生活的适应性不局限于抵御干旱。骆驼体表，特别是脖子下方长有厚毛，能够在严寒的冬季为它们保暖；待到夏季来临，厚毛就会逐渐变少变薄，只用于遮盖驼峰，以防被夏日的强烈阳光晒伤。

骆驼的鼻孔中有瓣膜，每当沙漠中频繁肆虐的沙暴来袭，它们就将鼻孔"关闭"起来，防止吸入沙尘。同样，它们的睫毛又长又密，呈双排排列，能够保护眼睛不受风沙侵袭。

骆驼为适应沙漠环境，不仅演化出了独特的生理构造，也改变了自己的行为方式。它们会定期从一个地区转移至另一个地区寻找食物和水源；冬季，它们会沿着绿洲附近的干旱河床寻找植被；夏季，它们则会转移到植被丰富的大山谷中。

野骆驼成群结队而行，由一头成年雄性骆驼率领，通常骆驼群由为数不多的个体组成，但水库附近骆驼群的成员数量可达30头。一般情况下，近期内性成熟的年轻雄性才会单独行动。

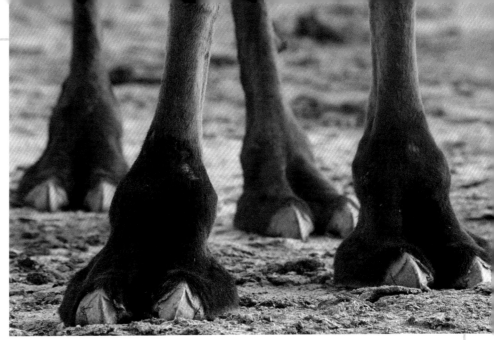

▶ 胼足亚目

胼足亚目的拉丁名"Tylopoda"来自希腊语，意为"长有茧的脚"。该亚目下的物种的蹄子形状更像指甲，只保护脚趾前端，脚趾底部有胼胝状的肉垫，像鞋底一样。和大多数偶蹄目动物不同，胼足亚目动物站在脚趾的最后两节上。目前，该亚目的唯一代表是骆驼科（Camelidae）动物，它们能利用这种特别宽大的足部构造来防止自己陷入沙中。

▨ 左图：蒙古南部的戈壁古尔班赛汗国家公园里，一群野骆驼正在吃草。
▨ 上图：家骆驼的蹄部特写。摄于蒙古，戈壁沙漠。

野骆驼通常在1月至3月之间交配，雌性骆驼在长达13个月的妊娠期结束后生下幼崽。小骆驼几个小时内就能够行走，随后会与母亲共同生活，直到一岁左右。

▌保护现状

野骆驼的生存面临着诸多问题。首先，它们的原生栖息地正在历经变化。由于人类活动影响，安全的饮水地越来越少，可供栖居的土地面积也在逐渐减小，且变得更加干旱。除此之外，以肉类贸易为目的的非法狩猎以及狼群捕食，都在增加野骆驼的生存压力，也正日益影响到它们的种群数量。

野骆驼和家骆驼交配而带来的危害同样不可低估，因为不同物种之间进行杂交必然会导致不育。

目前，骆驼在亚洲的种群数量约为200万头，但其中只有大约1400头属于野骆驼，因此野骆驼被评估为极危物种。目前，中国和蒙古已启动多个项目来保护这一标志性物种。▨

聚焦 家骆驼和野骆驼

亚洲大多数骆驼都属于家骆驼。有些人将双峰驼（*Camelus bactrianus*）分为家骆驼（*Camelus bactrianus bactrianus*）和野骆驼（*Camelus bactrianus ferus*）两个亚种。拉丁名的"*bactrianus*"意为"巴克特里亚的"。巴克特里亚是中亚的一个古老地区，横贯今天的阿富汗、塔吉克斯坦和乌兹别克斯坦三国。

家骆驼和野骆驼两个亚种外观上的差异并不明显，区别主要在体形上：前者的体形更大，骨骼结构更加粗壮，驼峰也更大、更圆；后者驼峰较小，且更偏向于圆锥形。另外，家骆驼的被毛颜色较深，长度较长；野骆驼被毛较厚，呈沙色，冬季稍稍变灰。

人类驯养骆驼是为了食用它们的肉和奶，以及使用它们的毛，不仅如此，还能用它们驮运货物。骆驼是不可替代的宝贵的运输工具，它们能够携带重达450千克的货物，连续行走长达24小时。

还有些学者认为，野生骆驼属于单独的物种，学名为野骆驼（*Camelus ferus*），和已经驯化的家骆驼（*Camelus bactrianus*）相区分。其依据为两种骆驼遗传物质的差别。近期研究已经推翻野骆驼为家骆驼野化种的假设，且似乎已证明了二者之间存在非常大的基因差距，可以追溯到约110万年前。

左图：一队家骆驼正穿过蒙古的戈壁沙漠。

高鼻羚羊

这种动物最令人难忘的就是它那奇特的鼻子，在大鼻子的装点下，它们的面容看起来十分古怪，似乎闷闷不乐——它就是高鼻羚羊，一种原产于亚欧大陆干旱地区的牛科动物。高鼻羚羊被蒙古国人民视为国宝，如今却面临着走向灭绝的威胁。

高鼻羚羊（*Saiga tatarica*）曾经分布广泛，覆盖亚洲的大部分地区，如今，它们仅分布于蒙古西部与哈萨克斯坦，星零出现在俄罗斯。如前文所述，它们最鲜明的特征是鼻子。高鼻羚羊的鼻部异常肿胀，质地柔软，鼻孔朝下。据推测，这种长鼻为适应性演化而来，与环境密切相关。干燥的夏天，它们的鼻子可以充当过滤器，防止扬起的灰尘进入下呼吸道；寒冷的冬天，鼻腔则能够加热吸入的冷空气，使其到达肺部之前变得温暖。高鼻羚羊的双眼下方还长有两块黑斑，使得它们奇特的鼻子更加突出。

高鼻羚羊的耳朵长达12厘米，只有雄性头上长着浅色且半透明的角，表面有12～20个较粗的环。目前高鼻羚羊有两个亚种，不同亚种的角长度各不相同：主要分布于俄罗斯的高鼻羚羊指名亚种（*Saiga tatarica tatarica*）的角最长达28厘米，而高鼻羚羊蒙古亚种（*Saiga tatarica mongolica*）的角较短，最长达22厘米。

高鼻羚羊的被毛呈现出两种季节性变化：夏季为黄色至红色，身体两侧颜色较浅；冬季则为灰色，颈部和腹部主要为白色，布有颜色较深的斑块。它们毛发的长度也随季节发生变化：夏季毛发短而蓬松，长度约为30毫米；冬季毛量加倍，看上去非常细密柔软。

高鼻羚羊肩高可达80～85厘米，体重约为60千克。

它们通常在半沙漠大草原上集体行动，羊群有时十分庞大。它们边走边不断啃食各种各样的草，从中获取汁液以维持体内所需的水分。这种动物在生态环境中占据的地位无与伦比，因为它们能够以其他草食动物不喜食的草为食。在比较干旱的地区，它们会去寻找地衣来果腹，极度干旱时期，它们还会寻找水坑来解渴。

高鼻羚羊是不知疲倦的徒步者，能在季节性迁徙中走很远的距离。它们的腿又细又长，能够熟练地渡过河流，但需要小心避开崎岖不平的地区。

记 事 本

精疲力竭的雄羊

一旦征服雌性，雄性高鼻羚羊就会开始紧张的繁育活动，它们要尽最大的努力，带着高傲的自尊，全心全意地守护族群，完成传宗接代的重任。因此，它们几乎没有时间进食，体质逐渐衰弱，更加容易沦为狼等掠食者的猎物，或是倒在严冬里。

■ 上图：近景中有一只狼（*Canis lupus*），背景是一群高鼻羚羊（*Saiga tatarica*）。摄于俄罗斯南部阿斯特拉罕大草原。

■ 第90～91页图：一群高鼻羚羊正在阿斯特拉罕大草原上饮水。
■ 左图：近景为一只年轻的高鼻羚羊的特写。摄于哈萨克草原。

交配季节，雄性高鼻羚羊会散发出强烈的麝香味。雄性之间通过争斗以征服雌性，组成族群，由一只雄性高鼻羚羊统治的族群中，雌性的数量甚至能达到50多只。雌性高鼻羚羊在春季产崽，通常为双胞胎。刚出生的小羊羔会一直藏在草丛中，等待母亲定期给它们哺乳，待到两个月大时就可以开始像成年高鼻羚羊一样吃草了。

极危物种

在末冰期，高鼻羚羊分布的范围非常广——从不列颠群岛途经白令海峡，一直到阿拉斯加。1920年该物种数量锐减，渡过衰退期后，在20世纪中叶迎来复苏，后来又重新降到极危。

20世纪90年代，卡尔梅克共和国设立黑土地自然保护区，该保护区位于里海西北部，特别用于保护高鼻羚羊（*Saiga tatarica*）。

对该物种而言，2015年是个名副其实的多事之秋，大约在年中的时候，一场突如其来的流行病在哈萨克草原的高鼻羚羊之间蔓延，使得该地区个体数量减半。仅仅在5月份，就在受灾地区发现了12万具高鼻羚羊尸体。同年11月，英国伦敦的皇家兽医学院宣布了一项研究，指出一种特殊的细菌，即多杀巴斯德氏菌是导致高鼻羚羊死亡的罪魁祸首。通常情况下，这种细菌在羊体内是无害的，但它近期却表现出一种新的行为，能够进入动物的血液中，成为病原体，引发内出血，从而导致致命的败血症。据专家称，细菌发生这种变化是因为环境变得异常炎热湿润，所以它们采取了机会主义的适应策略。

自史前时代起，人类就开始猎杀高鼻羚羊，因为它们的肉和羊肉非常相似，且直至今日仍然广受喜爱，它们皮毛和角的单价可以达到几千美元。

除了对该物种构成严重威胁的偷猎活动，还有诸如人类活动造成的栖息地减少和破碎化，以及气候变化等风险因素。这些因素已经影响到迁徙活动同季节密切相关的动物，改变了它们的生活习性。

根据世界自然保护联盟估算，2018年2月约有12.4万个高鼻羚羊样本存活，预计这个数量将进一步下降，因此该物种被评估为极危。

左图：两只新生高鼻羚羊正在休息。摄于俄罗斯黑土地自然保护区。
上图：两只雄性高鼻羚羊正在打斗。摄于俄罗斯黑土地自然保护区。

▶ 不 幸 的 受 害 者

高鼻羚羊生来不幸，因为它们的角是传统药剂中的一味成分，且被认为能够代替犀牛角。高鼻羚羊的角被人们磨成粉末，添加到饮品和软膏中，或制成灵丹妙药，以图治疗疾病。此外，高鼻羚羊的角还被用于制作传统装饰，如灯笼等。需要注意的是，只有雄性高鼻羚羊才会长角，上述人类活动会导致雄性高鼻羚羊数量相对雌性明显减少，从而影响繁殖率和种群数量增长。高鼻羚羊极其温顺，所以很容易死于偷猎者之手。

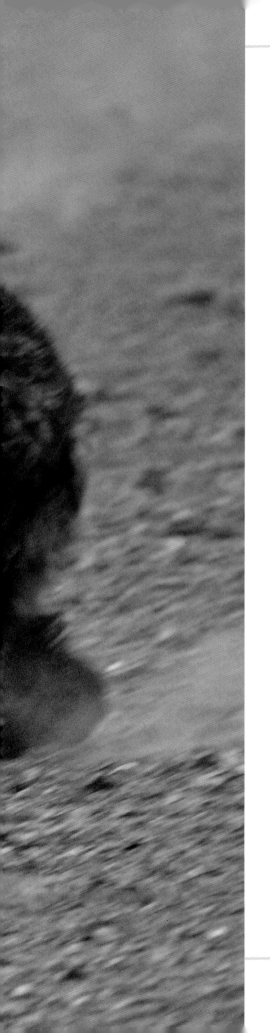

熊与豹

沙漠中有两种动物代表着力量与傲慢，然而，由于它们的个体数量太少，栖息地面临的威胁太大，正在逐渐被人们遗忘。它们是大自然的珍宝，需要我们给予足够的关注和重视。

戈壁棕熊

蒙古的戈壁沙漠中生活着一种极其罕见的棕熊亚种，名为戈壁棕熊（*Ursus arctos gobiensis*），当地人称它们为"马扎阿莱"。戈壁棕熊的体形比其他棕熊小，雄性戈壁棕熊体重约138千克，雌性约78

千克，它们前肢较长，爪子短而钝。它们的被毛反射着金色的光泽，冬季时会变灰。在以前，它们的活动范围更大，如今只能在三个地区发现它的踪迹，即阿塔斯宝格达山（Atas Bogd）和查甘宝格达山（Tsagaan Bogd）附近，以及沙

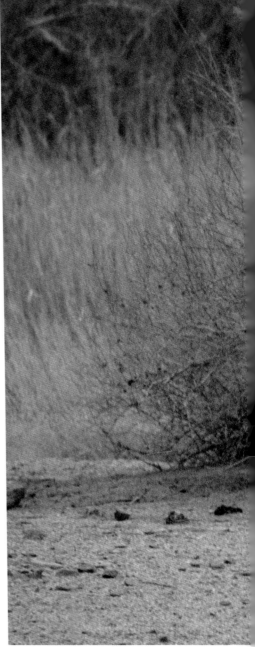

▶ 珍贵的足迹

　　戈壁棕熊所剩个体数量不多，想要一睹它们绝非易事。对于研究人员来说，发现和研究它们路过时留下的痕迹也同样重要。戈壁棕熊的足迹非常容易辨认：它们和人类一样是跖行动物，也就是说它们几乎用整个脚底板支撑站立，五个脚趾留下的印迹清晰可辨。

▨ 第96~97页图：一只戈壁棕熊（*Ursus arctos gobiensis*）在沙漠中奔跑。摄于蒙古，戈壁古尔班赛汗国家公园。
▨ 上图：一只戈壁棕熊在沙漠上留下的足迹。摄于蒙古，戈壁古尔班赛汗国家公园。
▨ 右图：一只戈壁棕熊正在寻找食物。摄于蒙古，戈壁古尔班赛汗国家公园。

尔库尔斯绿洲（Shar Khuls）。这些地区都属于受到严格保护的大戈壁保护区A区（Great Gobi Strictly Protected Area，Zone A）。该保护区成立于1976年，占地面积辽阔，约为46369平方千米，旨在保护当地的植物和动物群。

　　正是在这片保护区里，戈壁棕熊找到了多山的沙漠地区作为自己的栖息地。在这种环境下，它们逐

渐适应了资源稀少的生存条件，以沙漠中的浆果、矮大黄（*Rheum nanum*）的根茎以及白刺属（*Nitraria*）等沙漠灌木或葱属（*Allium*）等野草为食。有时候，它们也会猎杀和捕食小型哺乳动物。冬季来临时，它们在退回巢穴冬眠之前会经历一段暴饮暴食期，摄取比平时更多的卡路里来增加自身能量储备。

雄性戈壁棕熊通常长途跋涉，甚至能走遍2400平方千米的区域寻找可以交配的雌性。不幸的是，戈壁棕熊喜爱的地区恰好有着丰富的矿产资源，长期以来都受到人类觊觎，有些时候还会有非法经营存在。由于这些地区广阔又偏僻，即使当地的巡护员严密监控，也无法面面俱到。

据估计，2009年，戈壁棕熊

的种群数量才刚刚超过三十几个个体，这使得同物种通常难以相遇，近亲繁殖时有发生，出生率持续走低。如今，该物种的青壮年个体数量似乎仍然在50头以下，世界自然保护联盟将其评估为极危物种。好消息是，随着时间的推移，人们越来越关注戈壁棕熊，使得它们的保护工作得以顺利开展。戈壁棕熊是蒙古的国宝，人们正在着力

▨ 上图：一只非常漂亮的阿拉伯豹（*Panthera pardus nimr*）。摄于阿曼。

保护这种珍稀动物。在蒙古政府的支持下，许多机构和研究人员开设了特别项目，旨在增进对戈壁棕熊的习性的了解。

▎阿拉伯豹

阿拉伯豹（*Panthera pardus nimr*）原产于阿拉伯半岛人迹罕至的偏远地区，体形小于其他八个亚种。雄性阿拉伯豹体重约为30千克，雌性体重约为20千克。

其体长包括尾巴在内不超过2米。阿拉伯豹的被毛颜色较浅，从淡黄色到金黄色不等，上面布满了细小的深色花斑。

阿拉伯豹是夜行动物，但偶尔也会在白天捕食。它们喜欢中

以寻找食物和水源。阿拉伯豹性情羞怯，难以寻觅，有关它们生活习性的文献资料十分有限。

交配季节，雄性阿拉伯豹和雌性会同居几天，然后再分开。雌性会选择一处相对隐蔽的地方，如岩石中的空洞，在那里产下1至4只幼崽。阿拉伯豹幼崽的哺乳期为3个月，结束哺乳后将和母亲生活在一起，直至2岁。为避免幼崽引起潜在掠食者的注意，母亲会经常更换庇护所，尤其是在新生幼崽毫无抵抗之力的头几周。

很久以前，阿拉伯豹曾广泛分布于整个阿拉伯半岛，直至20世纪70年代，尽管它们数量不多，但仍然栖息在以色列的内盖夫沙漠。然而，从2000年开始，它们的种群数量骤降了90%。2014年，媒体报导了埃及最后一只阿拉伯豹被牧羊人杀死的新闻。在一些地区，研究人员设置的摄像机陷阱一整年的时间内都没有捕捉到任何样本。而在该物种最后的庇护所，即阿曼的Jebel Semhan自然保护区，摄像机陷阱拍摄到，1997年以来只有17只成年阿拉伯豹路过镜头。另外在阿曼和也门接壤的地方，也生活着一小部分阿拉伯豹。

给阿拉伯豹的生存造成威胁的因素有栖息地的丧失和破碎化、猎物减少以及人类的猎杀，有些人猎杀它们从事非法贸易野生动物的营生，有些则是为了保护自己的牲畜免受它们捕食。还有些阿拉伯豹误食毒饵而死，实际上这些毒饵并非为它们准备，而是牧民为毒杀鬣狗和狼而设的。偷猎者非法猎杀阿拉伯豹的另一个目的是获取它们的皮毛，直至今日，阿拉伯豹皮仍被视为权力的象征。因此，该物种的数量急剧减少，直到今天已不足200只。

阿拉伯豹现被列入濒危野生动植物种国际贸易公约（CITES）的附录I，该附录包括需要加以严格保护的物种，这些物种禁止贸易，只有在特殊情况下才予以允许。

2019年6月，沙特阿拉伯皇家阿尔乌拉委员会和沙特阿拉伯政府，以及世界上最大的大型猫科动物保护组织之一"Panthera"共同就阿拉伯豹的未来达成一项协议。参与协议的还有全球野生猫科动物联盟（Global Alliance for Wild Cats），它是一个致力于保护大型猫科动物栖息地与生物多样性的国际联盟。此项协议价值数百万美元，计划在欧拉地区建立一个自然保护区。从自然角度来看，欧拉地区是阿拉伯半岛最完整的地区之一，距离利雅得约1000千米，只有支付昂贵费用的高端游客才能享有特权，进入其中。计划将分为几个阶段进行：首先圈养繁殖个体，增加种群数量；第二阶段计划将这些个体迁移到一个绿洲保护区；最后再让阿拉伯豹回到欧拉地区。该组织希望通过这种方式，让阿拉伯豹免于灭绝的厄运。

小型猎物，如阿拉伯瞪羚（Gazella arabica）、阿拉伯塔尔羊（Arabitragus jayakari），或小型哺乳动物，如岩蹄兔（Procavia capensis），以及爬行动物和鸟类。

阿拉伯豹是独居动物，领地意识很强，能够在广阔的范围内行动

2 / 非洲沙丘 间的生命

概 述

非洲的沙漠

壮观而严酷的非洲沙漠拥有厚重的、跨越数百万年的地质历史，在这里，火山、沙丘和岩层呈暖色调，有着分明的地质分层。观察非洲的地图，人们会立刻注意到沙漠占据了非洲大陆的大片地区（大约三分之一）。当某一地区的严重干旱持续很长时间时，这一地区一般就会被定义为沙漠。干旱的土壤、强烈的蒸发和明显的温度变化是热沙漠的特点，而风的作用会使岩石崩裂，产生砾石和沙子。尽管环境对动植物的生存极为不利，但在非洲的沙漠中仍生存着各种各样的生物。

撒哈拉沙漠、纳米布沙漠、卡拉哈里沙漠和卡鲁沙漠是非洲大陆的主要沙漠。特别是卡鲁沙漠，它拥有着独特的干旱草原环境和壮观的岩层。卡鲁国家公园有几个非常重要的化石矿床，这里也是包括黑鹰雕在内的许多动物种群的家园。

撒哈拉沙漠

撒哈拉沙漠堪称"沙漠之王"，面积约932万平方千米，是地球上最大的热沙漠，也是人类文明发源地与历史的见证。撒哈拉这个名字来自阿拉伯语的沙漠。

人们尚无法确定撒哈拉这一广阔地区的确切形成年代，它曾经并仍将对整个地球的气候有着不小的影响。近期的研究证明，撒哈拉地区是在250多万年前形成的。最新的模型显示，最早的沙漠中心区域形成于700万年前，甚至是更古老的年代。发表在《科学进展》杂志上的一篇文章写道：在过去的24万年里，撒哈拉以大约2万年为周期变化，其变化取决于地球自转轴倾斜角度。夏季地球自转轴更斜，撒哈拉地区受到的阳光照射更强烈，但是与此同时季风活动加强，撒哈拉地区会更加潮湿、绿意更浓。早在17万年前，欧洲人的祖先就已经能穿越撒哈拉地区离开非洲来到欧洲，也是因为撒哈拉的气候有周期性变化。

从大西洋到红海，途经摩洛哥、利比亚、毛里塔尼亚、马里、尼日尔、乍得、埃及和苏丹，跨越撒哈拉的行程长达5000千米，由于气候条件不同，地貌变化很大，形成了不同的生态区：从摩洛哥的阿

■ 第102~103页图：在纳米比亚的斯瓦科普蒙德，一条南非撒哈拉角蝰在沙地上留下独特的印记。

■ 第104页图：经过一道壮观的天然拱门，我们步入杰贝尔·阿卡库斯地区，此处的岩石上仍然保留着史前社会的刻痕，见证了利比亚撒哈拉地带曾经的繁荣景象。

■ 上图：沿着古朴的小路，柏柏尔人率领的单峰驼商队穿过摩洛哥的梅尔祖卡沙丘。

■ 右图是一幅航拍图，纳米布沙漠沿骷髅海岸向大西洋延伸。

特拉斯山脉，到撒哈拉中部的沙丘。在夏季，白天最高温度能达到50℃以上，温差可达30℃。在冬季，剧烈的温度变化会导致夜间出现霜冻，2012年1月和2016年12月，在阿尔及利亚的撒哈拉沙漠曾下雪。

虽然沙漠的年均降雨量远低于100毫米，但和草原之间的界限往往并不明晰，许多植物和动物同时生活在两种生境（沙漠和草原）中。沙漠中大片地区没有植被覆盖，仅余的只有喜旱植物，它们

大多为灌木，如某些金合欢属植物或草本植物，能很好地适应干旱环境。在这些植物中，人们认为鼠李科的枣莲（*Ziziphus lotus*）是希腊史诗《奥德赛》中提到的忘忧莲，与欧洲的枣密切相关。无叶柽柳（*Tamarix aphylla*）也很特殊，这是一种常绿植物，其叶子分泌的盐分堆积在叶片表层，会落到地面上。草本植物中，艾蒿（*Artemisia herba-alba*）拥有浓烈的香气，叶子上覆盖着密集的绒毛，可以反射阳光。

纳米布沙漠

纳米布沙漠沿海岸线延伸，奇特而迷人，内陆沙丘呈红色，随着向海岸靠近，沙丘逐渐变浅，岩石逐渐变多，呈现出"月亮谷"景观，向大海延伸的沙丘反射着金色和银色的光辉，沿着大西洋连成一片瑰丽的沙滩。这片海滨沙漠还有

一个更常见的名字——骷髅海岸，确切地说，这个称呼指的只是纳米比亚大西洋的北部地区，那里留有许多船只的残骸，似乎在警示人们在此处有沉船的危险。纳米布在纳马语或达马拉语中意为"不毛之地"。人们认为纳米布沙漠是世界上最古老的沙漠，据说其历史有4300万年之久，并且在过去的200万年里它一直没有变化！

此处年均降雨量从2毫米至200毫米不等，与南美洲的阿塔卡马沙漠并驾齐驱，堪称"世界上最干旱地区"。

当地人开采多色水晶来卖给游客，如绿色、红色和黑色碧玺，紫水晶，以及美丽的翡翠色透辉石。不过纳米比亚至少20%的经济基于钨、铁、锌、银，特别是钻石矿的开采。事实上，在纳米布，人们无须挖很深的隧道就能找到这些珍贵的石头。矿场是露天的，就在众所周知的海岸"禁区"。

很多植物已经适应了纳米布的

▶ 海市蜃楼

这是一种光学现象，太阳光通过不同温度和密度的相邻空气层时，经过折射和全反射，形成了海市蜃楼。因为空气层高度不同，在沙漠中，人们有时能看到折射出的天空幻景，宛如一片广阔的水域；有时能看到绿洲幻景（实际上是倒过来的），不过这片"绿洲"距离地平线较远。

生活。除了纳米比亚的象征——壮观的百岁兰（*Welwitschia mirabilis*）之外，还有纳米比亚野生甜瓜（*Acanthosicyos horridus*）、生石花（*Lithops*）、驼蹄瓣（*Zygophyllum stapffii*）。

卡拉哈里沙漠

神奇而富有传奇色彩的卡拉哈里沙漠是地球上最大的连续沙地。它的名字来源于茨瓦纳语的"极度干旱"，或"无水之地"。卡拉哈里沙漠在博茨瓦纳、纳米比亚和南非之间绵延，总面积约90万平方千米。这里可以被定义为半沙漠地区，因为某些地区比沙漠的降水更多，但地表一般是红色的、排水性强的沙子，因此无法形成地表水。唯一的永久性河流奥卡万戈河在西北部汇入三角洲，形成了栖息着多种野生动物的沼泽地。

卡拉哈里沙漠的某些地区有着丰富的地下水储备，此处的龙息洞是地球上最大的非冰川地下湖。

这片沙漠的原生植物多为稀树草原典型植物，包括各种金合欢、刺角瓜（*Cucumis metuliferus*）、饲用西瓜（*Citrullus amarus*）。刺角瓜在成熟时会散发出一种果香，果实质地类似百香果。刺角瓜极富营养，所以人们也在非洲以外的地区种植这种植物。饲用西瓜是在卡拉哈里沙漠的沙地上最容易生存的植物之一，它能够储存水源，在当地部落的生活中发挥着重要作用。因为味道特别苦，所以只有少数动物吃饲用西瓜，其中包括黑背胡狼。由此可见，黑背胡狼有着在任何环境中抓住机会生存的能力。在栖居于卡拉哈里沙漠的众多物种中，许多鸟类和动物需要迁徙。

在沙丘中生存

在沙漠中生存绝非易事。这些地方环境恶劣，作为生命之源的水十分稀缺，昼夜温差大，可获得的食物有限，动物在沙地上也很难移动。尽管如此，很多物种已经进化到能够在充满未知的沙丘世界里生存。

▨ 左图：黄昏时分，在卡拉哈里沙漠，一只狐獴（*Suricata suricatta*）观察着周围的环境，为狐獴群放哨。

▨ 上图：一条砂鱼蜥，俗称"沙鱼蜥"，在沙漠中游走。

在所有环境中都有具备拟态能力的动物，拥有这一能力的沙漠动物尤其多。沙漠里大多数动物都拥有浅色皮肤，腹部一般是白色的，可以更好地反射阳光直射和地面辐射的热量。

有的沙漠动物腿更长，以便拉开与热源的距离（比如纳米比亚的达马拉兰的大象）；有的动物移动速度更快，以便尽可能少地暴露在户外，如银丝箭蚁；有的动物白天则会一直待在洞穴中。

在沙子上行走是十分困难的，需要耗费大量能量，但是沙漠动物有很多解决方案。它们有的脚上有蹼，有的脚底有毛，有的蹄子有厚实的肉垫，有的像砂鱼蜥（Scincus scincus）那样，拥有在沙漠中"游泳"的能力。

砂鱼蜥身体细长，覆盖着光滑发亮的鳞片，腿短而粗壮，爪子长而尾巴短，鼻子呈楔形，是

▶ 比博尔特快十倍

为了不被掠食者抓住，银丝箭蚁（Cataglyphis bombycina）选择了这样的策略：它们在正午——一天中太阳最炽热的时候从洞穴里出来。这些动物只有10分钟时间来收集食物，所以它们必须快速移动。银丝箭蚁的外壳覆盖着银色的毛发，较长的腿可以让身体不接触地面。银丝箭蚁能够产生热休克蛋白以避免热冲击，这使它们能够在沙漠中得以生存，尽管它们的寿命并不长。银丝箭蚁移动的速度很快，每次同时移动三只腿，每秒钟能走47步，接近1米，以至于一群移动的银丝箭蚁看起来像在"流动"。这样一来，银丝箭蚁每只脚接触地面的时间不超过7毫秒，永远不会陷进沙子里。

记事本

奇妙的色彩

就像蝴蝶拥有斑斓翅膀、鸟类拥有七彩羽毛，金毛鼹的毛发也带有虹彩光泽，会泛绿色和蓝色的光。但是这种美丽的外套的作用并不是为了征服雌性，也不是为了伪装。金毛鼹没有眼睛，大部分时间生活在地下洞穴里。金毛鼹的毛发不是尖细的，而是扁平的，由深色层和浅色层叠加构成。这种毛发可能是为了在沙地上轻松移动而演化的，而虹彩光泽是演化的次要结果，没有实际作用。

金毛鼹四肢短小，看起来胖乎乎的，动作也很滑稽，但不要被它们的外表骗了，它们是可怕的掠食者，能够在夜间消灭那些在寒冷的沙漠上出没的猎物。为了克服没有眼睛带来的困难，它们的触觉和嗅觉非常灵敏，即使在很远的距离也能感知到细微的动静。头部、肩胛骨和有力的爪子使荒漠鼹（*Eremitalpa granti*，一种金毛鼹）能够在沙地下"游泳"。荒漠鼹体长最长达9厘米，体重最多达到25克，是18种金毛鼹中最小的一种，也是金毛鼹科（Chrysochloridae）中唯一一种荒漠鼹属（*Eremitalpa*）动物。荒漠鼹是濒危动物，这是因为它们只在一种栖息地居住。

▦ 上图：这只金色的荒漠鼹察觉到了猎物的活动，它突然从沙地中跃起，成功地抓住了一只蝗虫。

一种生活在北非和亚洲西南部的有鳞动物。调查显示（包括X射线分析）这种蜥蜴能够以最小的能量消耗在沙地上"游泳"。它们是通过身体起伏以及身体两侧的爪子来游动的，而不是像鳄鱼在水中那样用爪子作为桨移动。砂鱼蜥的鼻孔很小，眼睛有眼睑，因此在活动时沙子不会阻碍视线。

绿洲的魔法

当沙丘上下雨时，水会迅速渗入地面，一直到不透水的岩石层，在地表和岩层之间形成含水层，即浸水的土壤层。含水层遇到洼地时形成水源，进而形成绿洲，植物和动物聚集于此。但是需要注意的是，绿洲的存续也需要水利工程

上图：瓦拉锄足蟾（*Pelobates varaldii*）用后足的角样凸起设法把自己快速埋起来。
左图：两个贝都因人带领他们的单峰骆驼在绿洲饮水。摄于摩洛哥。

和人类的不懈努力。自古以来，人类一直将绿洲比作海中的岛屿。现在，人们会给小规模的绿洲配备结构简单的人工井（类似于意大利波河谷的人工泉水），其他大规模绿洲已经形成了繁荣的农业环境。

绿洲的主要植物是海枣（*Phoenix dactylifera*），海枣能形成"大伞"，为较矮小的植物提供荫蔽：如位于中层的果树——桃子、杏子、无花果、橙子、石榴和橄榄，以及最下面一层的蔬菜或谷物——大麦、小米和小麦。通过在不同层次上栽培植物，农民充分利用了土壤和水，避免土壤直接暴露在阳光下。总之，现在绿洲是高度人工化的灌溉区，支持传统的密集型农业，作物也非常多样化。

绿洲的位置对沙漠地区的贸易和运输路线规划极为重要，商队旅行时会在绿洲停留，以便补充水和食物。因此在很多情况下，对绿洲的政治或军事控制，等同于对特定路线上贸易的控制。

各种候鸟停驻于绿洲的湿地中，甚至很多在沙漠环境无法生存的动物也居住在这里，如两栖动物和鳄鱼。

瓦拉锄足蟾

瓦拉锄足蟾是锄足蟾属（*Pelobates*）动物，有着标志性的圆润体形与光滑皮肤，大眼睛中有垂直的瞳孔。受到惊吓时，它们会发出奇特的声音，甚至会散发出浓郁的大蒜味。之所以被称为"锄足蟾"，是因为它们后腿上的深色的角样凸起。这对它们来说至关重要。瓦拉锄足蟾能用后腿快速把自己埋起来，从而躲避掠食者。

瓦拉锄足蟾广泛分布于摩洛哥，雄性体长可达65毫米，雌性体长可达70毫米，通体呈灰棕色，有深色大理石花纹。

这种两栖动物只生活在沙漠，在那里，它们很轻松就能把自己埋起来。若想离开庇护所繁殖，必须等待降雨后形成临时水洼。就像大部分无尾类动物一样，雄性瓦拉锄足蟾会率先到达水洼，召唤雌性的声音可以传到2千米外。交配时雄性瓦拉锄足蟾的腹股沟处长时间贴近雌性，直到雌性释放出一根可能包含多达1000枚卵子的"绳子"，接着卵子逐渐受精。只用一周，蝌蚪就能学会吃浮游生物和碎屑，它们将在这里继续成长，最多达13厘米长，然后变成蟾，蜕变后的蟾平均体长约3厘米。瓦拉锄足蟾最大的天敌是仓鸮和欧洲水蛇，但威胁这个物种存续的并不是它们。就像瓦拉锄足蟾的"欧洲表亲"一样，威胁其存续的主要因素是密集的放牧、牲畜粪便对繁殖地的污染，以及非本地鱼类的入侵。

沙漠中的鳄鱼

西非鳄（*Crocodylus suchus*）曾经被归在尼罗鳄的一个亚种里，经DNA检测，西非鳄如今被确立为一个独立物种。这种爬行动物体长不超过2.5米，是古代撒哈拉湿地历史的见证者。尽管气候干旱，西非鳄的主要食物仍然是鱼类、鸟类和蛙类。它们在沙漠环境中生存的关键，似乎是适应没有大型猎物的地区的能力。此外，因为它们不攻击牲畜，所以西非鳄也能与当地居民和平共处。特别是在毛里塔尼亚，其种群相对得到了保护，而在其他地区，由于未受管控的鳄鱼皮、鳄鱼肉贸易，以及石油工业的存在，西非鳄数量正在减少。目前人们正在规划新项目，将该物种重新引入摩洛哥，以使某些生态系统重获新生。

古埃及人崇拜索贝克——与生育、保护和法老的权力有关的鳄鱼神。西非鳄比尼罗鳄更温顺，因此埃及人也将西非鳄用于他们的神圣仪式，包括木乃伊仪式。最近的一项DNA数据分析表明，底比斯和上埃及的鳄鱼木乃伊，都是用西非鳄制成的。

右图：直到近年，西非鳄还被归为尼罗鳄的一个亚种，不过目前西非鳄已经被确立为独立物种。

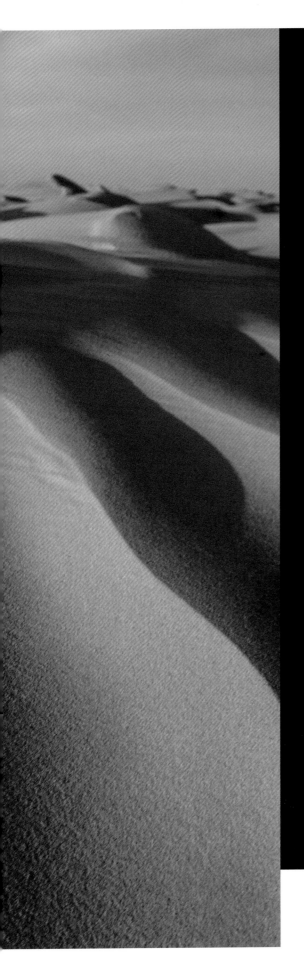

撒哈拉沙漠

因其特殊的地理位置，撒哈拉沙漠持续处于副热带高压之下，所以几乎没有降雨。撒哈拉沙漠覆盖面积约932万平方千米，约占整个非洲大陆的32%，每年的降雨量不到100毫米！美国马里兰大学的一项研究分析了非洲从1920年到2013年的降雨数据，发现这数十年间，由于大西洋自然环境的温度变化，以及导致亚热带沙漠向北扩展的气候变化，撒哈拉沙漠在一个世纪内扩大了10%。也就是说，适应极度干旱环境的植物和动物的生存范围正在扩大。值得一提的是，这片荒凉的广袤土地从未阻断人类的交流，人们驯化了单峰驼，并借助它们跨越撒哈拉，连接了非洲中西部与地中海港口。

◾ 左图：撒哈拉角蝰（*Cerastes vipera*）能在沙地上滑行而不下陷，为避开热浪，它并没有全身贴在地面上。

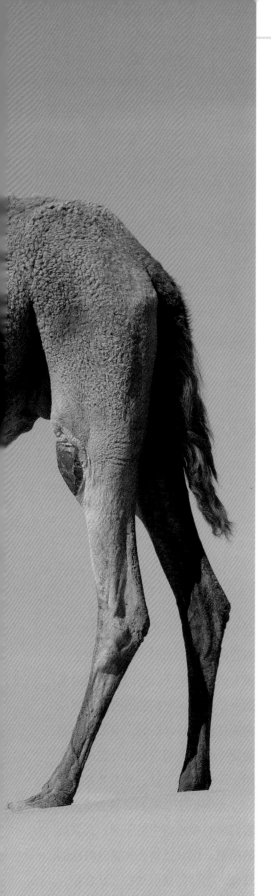

单峰驼

从驼峰顶部到脚趾尖，单峰驼已经进化得完全适应了沙漠中的生活。它们可以在沙丘上走很远，也能抵御沙尘暴的肆虐。

因为双峰驼和单峰驼都属于骆驼属（Camelus），有时二者都被称为骆驼，但是这种通称有误导性，其实双峰驼和单峰驼并不同。双峰驼和单峰驼的背部都有由皮肤下的脂肪储备形成的驼峰，当食物匮乏时，它们就会消耗这些脂肪。

如果双峰驼营养不良，它们的驼峰就会失去平衡并向一侧倾斜。

顾名思义，单峰驼只有一个驼峰，而蒙古沙漠中的常见骆驼双峰驼（Camelus bactrianus）则有厚厚的毛发和两个驼峰。

这些动物的近亲是南美洲的

▨ 第118~119页图：一头雌性单峰驼和它的幼崽在撒哈拉的细沙上行走。摄于突尼斯，捷普国家公园（Jebil National Park）。
▨ 上图：一群单峰驼正在吃绿色灌木。摄于突尼斯，加夫萨。
▨ 右图：一头带着独特缰绳和耳标的家养单峰驼正在等待它的主人。摄于摩洛哥梅尔祖卡附近。

小羊驼和原驼，美洲是骆驼科动物的发源地，骆驼起初只比兔子大一点，每只脚有四个脚趾。大约在1200万年前，原驼（Procamelus）出现了，它们的腿又细又长。从300万年前开始，有的原驼到达南美洲并适应了山区环境，而在北美洲以食草为生的骆驼里，最高的巨足驼（Titanotylopus）肩高能达到3.5米。有的骆驼科动物曾经从北美洲迁移到欧亚大陆和非洲，然后就灭绝了。

单峰驼的肩高能达到2.4米，最大重量为600千克。颈部长而弯曲，其重量需要肩部和又细又长的前腿来平衡，肩部和前腿的构造可以更好地分散热量，同时支撑起身体65%以上的重量。这种动物能够快速奔跑，而且步幅很大，因为它们的脚后跟很特殊：脚后跟上，两根长骨连起来形成掌骨，连着掌骨的两个脚趾有着长而坚固的指甲，宽大的脚底板和肉垫可以让单峰驼在沙地上保持平衡。

单峰驼的皮毛通常呈米色或浅棕色，腹部较浅，不过也有腹部颜色非常深甚至是黑色的单峰驼。单峰驼的胸部和腿部关节处有深色的带有老茧的垫子，可以在跪地时起到保护作用。它们的五官构造可以完美抵御风沙：眼睛上有长而浓密的睫毛；鼻孔可以像百叶窗一样关闭；耳朵又小又圆，毛发非常多。

无须担心单峰驼嘴唇会受伤，它们能咀嚼沙漠中最干燥、最坚韧的植物，这些植物往往富含特殊的盐分，大部分食草动物无法食用。这些植物的蛋白质含量相当低，所以单峰驼必须咀嚼很久。单峰驼是

► 在澳大利亚的沙漠中

也许不是所有人都知道，要想研究野生单峰驼，必须前往澳大利亚的沙漠。17世纪中期，殖民者认为单峰驼是探索澳大利亚广袤土地的最佳坐骑，因此有多达2万头单峰驼参与到了运送货物和部分基础设施的运输中。运输完，单峰驼就被遗弃在了澳大利亚，在这里它们反而找到了完美的栖息地。然而，当它们数量多达100万头的时候，人们就有了新计划——将它们宰杀并出售给阿拉伯国家。

反刍动物，它们的胃分为四室（瘤胃、网胃、瓣胃和皱胃），第一室会快速切碎并储存食物，而第二室则将食物变成小颗粒，然后反刍出来进行再次咀嚼。咀嚼后的食物再次经过瘤胃、网胃、瓣胃，消化的蛋白质会被皱胃吸收。与其他反刍动物相比，单峰驼的牙齿结构包括上门齿（幼年时有3对，成年时减少为1对）和犬齿。当食物充足时，它们会在驼峰中储备脂肪，驼峰的重量在9~14千克之间。驼峰里没有水！

当单峰驼口渴而筋疲力尽时，如果能找到水源，那么它们可以喝下120~140升水。单峰驼血液中的红血球可以膨胀以吸收水分。但是，在沙漠中旅行，光靠大量饮水是不够的，还需要"储水系统"或是多种保存水分的方法。

有时体温变化1℃，人类都会受到影响，而单峰驼能够承受很大的体温波动，甚至能达到7℃。

到了晚上，寒冷的沙漠使单峰驼的体温降低，所以白天它们的体温回升会比其他动物慢得多。它们无须通过排汗来排出热量，因此也不会排出珍贵的水分。此外，在呼吸过程中，它们的鼻孔可以湿润空气，让空气冷却。

据说从公元前3000年开始，单峰驼在阿拉伯被驯化，如今已不再是野生物种。人们在旅行时会选择两种类型的单峰驼：一种较重，可以携带200千克的货物，每天行走65千米；另一种更轻，能承载较少货物并以接近20千米/时的速度前进，每天行走195千米。因此，单峰驼被阿拉伯人称为"沙漠之舟"。

▨ 右图：在埃塞俄比亚的丹卡利亚地区，由数百头单峰驼组成的"运盐车队"，正在把从吉布提的阿萨勒湖取来的盐板运往梅克尔的市场。

沙漠精灵

灵动的黑眼睛和大大的三角形耳朵，令聊狐显得格外可爱。

聊狐（*Vulpes zerda*）是犬科动物中最小的物种，体重很少超过1.5千克。与不超过40厘米的纤细体形相比，长达18～30厘米的粗尾巴很是显眼，不过它们的大耳朵和体形更不相称。聊狐看起来就像神话中的北欧精灵，有15厘米长的"蝙蝠状"耳朵，它们的耳朵有丰富的表层血管网络，就像大象的耳朵一样，对散热和降低体温至关重要。数量最多的聊狐种群生活在撒哈拉中部，从摩洛哥北部的山区和沙漠地区，南到尼日尔北部，东到以色列和科威特都有该物种分布。

聊狐非常适应沙漠中的生活，可以在没有自由水（包括一般的水，但是不包括含结合水的食物或湿气）的情况下生活，因为它们的肾脏可以限制水的流失，并且能够通过食物获取充足的水分。

成年聊狐的被毛厚实而柔滑，背部为深黄色，腿部、口部和腹部

为白色。长长的被毛在夜间可以遮挡寒气，在白天则可以隔绝热浪的侵袭。它们的脚上也覆盖着厚厚的毛，使得它们能够在热沙上灵活移动而不被烫伤。聊狐的脚也特别适合打洞，这些肉食动物生活在地下洞穴中，所以经常需要打洞。洞穴内有从沙漠中搜集的植物，这些植物能促进露水产生，使洞穴更凉爽舒适。在结实的土壤里，聊狐洞穴

的面积可达120平方米，有多达15个不同的入口。有时几个家庭的洞穴会相互连接，或者彼此相邻。在柔软的沙地上，聊狐的洞穴往往比较简单，只有一个入口。

在主洞穴里，雌性聊狐每年生产一次（3月至4月间），一胎有1~6只幼崽出生，刚出生的幼崽闭着眼睛，折着耳朵，体重约为50克。5周后，几乎全白的毛茸

茸的小聊狐便可以在洞穴口附近玩耍了。聊狐的哺乳期比其他狐狸的更长，雌性聊狐在幼崽3个月大之前一直给它们喂奶，至少到幼崽出生后6个月，父母会一直为它们提供食物，而且聊狐父母在保护幼崽时很有攻击性，在长期的抚幼过程中投入大量精力。6至9个月之后，雄性和雌性聊狐达到性成熟，开始寻找配偶并与之终生共享

第124～125页图：从洞穴中出来之前，这只聊狐需要检查周围环境。摄于利比亚沙漠。

左图：两只小聊狐在金色沙丘里的洞穴附近玩耍。摄于突尼斯，东部大尔格沙海（*Grand Erg Oriental*）。

上图：夜间一只成年聊狐在沙漠金雀花的根部和树枝间挖掘，寻找猎物。

领地。领地是通过尿液和粪便堆划定的，聊狐会极力维护领地。每年1月至2月，年轻的聊狐夫妇开始交配。据估计，在自然状态下，聊狐可以活10年左右，而在人工饲养的情况下，它们可以活到14岁。

聊狐非常擅长社交，它们以家庭为单位生活在一起，最多可达10只。这些以父母为基础的族群通常包括至少一对繁殖者、一窝未成年的幼崽和一些年长的兄弟姐妹。聊狐频繁而多变的叫声，也是它们群居性的一种体现。成年聊狐和幼崽都会吠叫、咆哮、呜咽，叫声短促而响亮，音量逐渐减弱，重复多次，它们还能发出类似于家猫呼噜声的声音。

聊狐硕大的耳郭不仅可以散热，还可以让它们听到几厘米厚的沙子下猎物移动的声音。有时，聊狐会盯着地面左右转头，以确定在地下或躲在浅层庇护所中的猎物的位置。生活在沙漠中的聊狐主要在夜间捕猎，它们的视网膜上有一层额外的脉络膜层，有强烈的反光性，夜间视力因此大大增强，并且这能让它们的眼睛在黑暗中看起来像是在发光。虽然聊狐与其他狐狸一样具有社会性，但是它们更喜欢单独狩猎。小型啮齿动物、兔子、蜥蜴、鸟类、蛋、昆虫和一般的无脊椎动物，都是聊狐的常见猎物。除此之外，果实、树叶和树根也是聊狐饮食的重要组成部分，它们甚至能爬上枣树来获取食物。

该物种目前并非濒危物种。

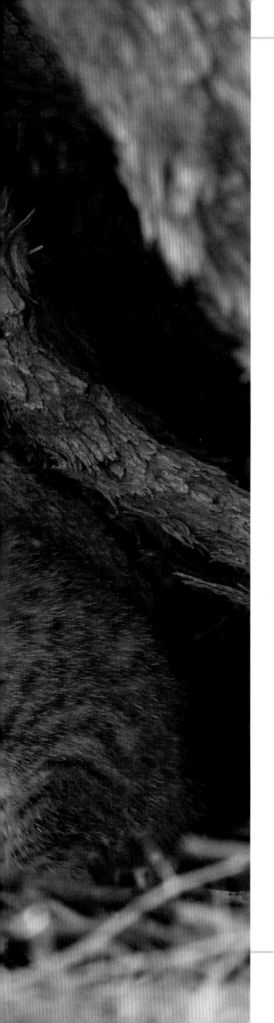

沙丘间的猫和老鼠

这是一场永无止境的追逐赛。除了极少数情况，小型猫科动物主要以啮齿动物为食，它们之间的关系是典型的掠食者和猎物之间的关系。在数百万年的历程中，这些动物的感官不断演化，有些演化是为了捕获猎物，有些演化则是为了自救，总之一切都是为了生存。

最近的研究和发现表明，小型啮齿动物十分狡猾，善于投机取巧，它们早在农业社会开始之前就居住于人类定居点附近了。大约在15000年前，处于半定居阶段的人类开始收集和储存野生谷物，因此经常在同一地点遗留食物残渣。

野猫则比较羞怯，又过了5000年，它们才逐渐靠近村庄，以丰富的啮齿动物为食，大快朵颐。

■ 第128~129页图：躲在灌木丛中的亚非野猫（*Felis silvestris lybica*）母亲和幼崽等待夜幕降临出去捕猎。

■ 上图：敏捷而优雅的亚非野猫在黄昏时分活跃起来，找到了一个合适的潜伏地。

■ 右图：摄影师拍摄到了这只闪闪发亮的沙猫（*Felis margarita*），它被泰内雷沙漠的夕阳余辉所笼罩。

亚非野猫

亚非野猫（*Felis silvestris lybica*）是野猫（*Felis silvestris*）的五个亚种之一。虽然其他野猫亚种在亚洲和非洲的不同地区也曾被驯化，但是只有亚非野猫真正一直与人类共处，它们也是家猫的祖先。在野外，这种动物生活在非洲和中东的各种干旱环境中，如草原、稀树草原和森林。亚非野猫很少在沙漠居住，它们的近亲沙猫显然更适应沙漠生活。

亚非野猫也叫"沙漠野猫"，它们的毛发是沙棕色或灰黄色的，背部有一条黑纹，两侧的垂直条纹渐渐变成小斑点，它们的腿是深棕色的，尾巴上的毛有黑环。

亚非野猫的毛比欧洲野猫的短，且体形更小，包括头部在内体长略超过70厘米，尾巴约38厘米长；与欧洲野猫一样，成年亚非野猫体重从3千克到6.5千克不等。亚非野猫主要以鼠和其他小型哺乳动物为食，不过它们也会捕食鸟类、爬行动物、两栖动物和昆虫。夜幕降临时，这种猫科动物开始伏击猎物，它们几乎一动不动地埋伏着，直到发现潜在猎物，然后悄悄地接近并扑向它们的猎物。

雄性亚非野猫用尿液划分领地，它们的领地会与少数雌性的领地重叠。面对入侵者时，它们首先会竖起毛，这让它们看起来更大，必要时会与敌人对峙。雌性亚非野猫每次生产会在巢穴内产下2~6只幼崽，幼崽出生时不可视物。野猫救助机构（Alley Cat Rescue）是目前唯一一个专门保护亚非野猫、致力于减少家猫"基因污染"的组织。意大利撒丁岛的野猫是古代引入的亚非野猫，而欧洲野猫则生活在意大利其他地区。

沙猫

沙猫（*Felis margarita*）居住在北非、中东和中亚的沙漠中，其被毛为浅黄色或浅棕色，全身几乎没有斑点，这是唯一一种主要生活在沙漠中的小型猫科动物。

除了特殊的毛色，这种猫有很多独特的特征，它们的头部扁而宽，白色的胡须长达8厘米，腿短且尾巴相对较长。沙猫最高为36厘米，其体重很少超过3千克。三角形的耳廓呈黄褐色且有黑尖，与家猫的耳朵形状相似，但是它们的耳道比家猫的大概长2倍，耳朵的听泡比家猫的差不多大5倍，因此它们的听觉灵敏度要比家猫的高大概8分贝。为了保护这种特别有价值的感觉器官，令其不受异物和沙子的影响，沙猫耳朵外部有由长而密的白毛形成的屏障。

长在脚趾之间和爪子下面的长毛形成的"垫子"尤其能帮助沙猫适应沙漠生活，这些长毛能够隔绝热得发烫的沙地，不过这也让研究

■ 上图：沙猫灵活地避开了准备攻击它的猎物——一条有毒的沙漠毒蛇。
■ 右图：黑足猫（*Felis nigripes*）是非洲最小的猫科动物，它是头号猎手！

人员很难发现这些猫科动物留下的脚印。

沙猫的移动方式很特别：它们腹部紧贴地面，在极为复杂的地形上以极快的速度奔跑，偶尔也会跳起来，冲刺时的速度可以达到30~40千米每小时，一晚上可以跑5到10千米。

这些猫科动物主要捕食较小的哺乳动物，包括埃及的小沙鼠、非洲跳鼠、非洲刺毛鼠和草兔。有人也曾见到它们猎杀漠百灵、戴胜、圆鼻巨蜥、砂鱼蜥、毒蛇和其他爬行动物。多余的食物会被沙猫埋起来慢慢享用。从这些食物中它们能汲取足够的水分，但在有水源的情况下它们也会喝水。据图布人说，在泰内雷沙漠地区，沙猫会在夜间接近营地偷喝鲜奶。

就像大部分猫科动物一样，除了交配季节和母亲抚育幼崽期间，沙猫大多数时间过着独居生活。它们之间的交流是通过尿液喷洒留下的气味信息、用爪子抓挠木头或其

▶ 头号猎手

当夜幕降临时，在博茨瓦纳、纳米比亚和南非的干旱环境中，非洲最小的猫科动物走出洞穴捕猎。黑足猫有着带有斑点的金色被毛，爪子颜色略深，有黑色肉垫，体重很少超过2.5千克，它们新陈代谢很快，所以需要频繁进食。黑足猫的伏击捕猎速度快且无声无息，有60%的概率能获得成功。一个晚上可以捕到10～14只啮齿动物或小鸟，捕食的成功率使黑足猫成为了世界上最致命的猫科动物！

他东西来进行的，它们会用沙子覆盖粪便。沙猫白天大部分时间待在洞穴里，洞穴有一个或多个入口，这些洞穴通常是狐狸、豪猪或啮齿动物挖的。雌性沙猫一胎会生下2～3只幼崽，幼崽出生时体重为40～80克，在第一年结束时就会独立生活。沙猫每年生一到两胎。

狞猫、狼和家犬是这种猫科动物的主要天敌，沙猫容易落入人类在绿洲上设置的陷阱里，被狐狸和豺狼吃掉。沙猫是一种非常独特的动物，以前曾经被列为受威胁物种。在2016年，沙猫的数量超过了受威胁物种的标准，变成了无危物种，不过全球沙猫数量是否仍在下降尚不清楚。在它们生活的大多数国家里，狩猎沙猫是被禁止的。

遗憾的是，圈养对恢复沙猫数量帮助不大，因为必须在非常干燥的围栏里饲养沙猫，且湿度和温度不能有波动；另外，猫病毒性鼻气管炎和其他呼吸道感染会对成年沙猫造成危害。截至2007年，在世界各地动物园出生的228只沙猫中，只有61%的小猫活到了第30天，它们的死亡原因主要是初产母猫的遗弃。

目前沙猫的生存环境正在得到改善。因为人们开始使用体外受精技术，欧洲动物园的沙猫养殖也取得了很大进展。人工饲养的沙猫年龄能达到13岁。

聚焦 撒哈拉猎豹

在撒哈拉沙漠的中南部，有一片荒无人烟的原野，这里没有水，单峰驼大队和越野车都试图绕开它，这就是图阿雷格人所说的泰内雷沙漠——沙漠中的沙漠。这里是沙的海洋，既令人着迷，又令人恐惧。研究人员和博物学家黄昏时分在"撒哈拉蓝人"——图阿雷格人的营地里喝茶时，听过沙漠商队领队人的故事。领队人声称在泰内雷沙漠看到过一种沙色的大而纤细、速度快的狗。直到20世纪90年代初，摄影师阿兰·德拉杰斯科对这一地区进行了为期800天的考察，令他惊讶的是，他发现了一只母猎豹和它的幼崽。

撒哈拉猎豹（*Acinonyx jubatus hecki*）已经适应了这种极端环境，它们短短的、近乎白色的被毛上点缀着黑色或浅棕色的斑点，有的吻部没有豹子特有的泪痕状黑纹。这个亚种基本只在夜间出没，体形比其他亚种小。它们的首选猎物是羚羊，撒哈拉猎豹能够以每小时100千米的速度捕食羚羊，不过它们更愿意捕食沙漠野兔或啮齿动物，特别是沙鼠。另外，它们也吃爬行动物和昆虫。撒哈拉猎豹可以在没有水的情况下生存数日，利用猎物的血液补水。撒哈拉猎豹是最濒危的物种之一，野生撒哈拉猎豹的数量只有约250只左右！

左图：这只在尼日尔拍摄到的撒哈拉猎豹的毛色较浅，吻部几乎看不出豹子特有的泪痕状黑纹，看起来极具攻击性。

非洲刺毛鼠

非洲刺毛鼠（*Acomys cahirinus*）的外形与普通野鼠相差无几，它们有细长的、尖尖的鼻子，上面有一双闪着光的、黑珍珠般的眼睛。大大的耳朵和长长的胡须，能帮助这种啮齿动物准确感知周围环境。它们的尾巴没有毛。该物种的特征是沿身体背线生长的硬棘毛，在受到威胁时会竖起来。

这种小型啮齿动物也被称为埃及刺鼠、阿拉伯刺鼠，体长在95～127毫米之间，最大体重为85克。它们上半身为深沙色，下半身为浅色，和它们居住的撒哈拉沙漠北部的色调很相称。

虽然非洲刺毛鼠喜欢多岩石或砾石的沙漠，但是它们也经常出没于人类居住地和沙地栖息地的椰枣树附近。非洲刺毛鼠是杂食动物，吃种子、果实、叶子、昆虫、蜘蛛、软体动物和腐肉。冬天它们特别喜欢躲在人类居所里。

非洲刺毛鼠是群居动物，每个群体都有一只领头的雄性。奇特的是，雌性非洲刺毛鼠的妊娠期长达5周甚至6周，比其他野鼠的妊娠期长，因此幼崽出生时已经发育得差不多了，有毛、能睁眼，并能简单活动。整个群体都会共同照顾幼崽，雌性非洲刺毛鼠会给群体中的所有后代哺乳。每只非洲刺毛鼠一年最多可以产五胎。

非洲刺毛鼠经常被用于实验室研究，也被作为宠物出售。

■ 上图：像大多数野鼠一样，非洲刺毛鼠有长长的吻部和高度发达的感觉器官。
■ 右图：非洲跳鼠（*Jaculus jaculus*）在撒哈拉沙漠的沙丘上跃出极远的距离，长长的尾巴能帮它稳定身体。

▶ 拥有再生能力的哺乳动物

为了躲避掠食者，非洲刺毛鼠属（*Acomys*）的小鼠有一套特殊本领。首先，它们的尾巴与其他老鼠一样很光滑，可以从猫爪里滑走，但是最让研究人员惊讶的是它们的皮肤，当被抓住时，这些啮齿动物会激烈挣扎，舍弃多达60%的背部皮肤。三天之内受损部位就能再生，一个月之内毛就会变成和以前一样的颜色，不会被感染或留下疤痕。即使是耳朵上被咬了个洞，也能在短时间内修复。这些小鼠证明哺乳动物也具有再生能力，目前人们还需要了解这种能力的运作机制。

非洲跳鼠

　　下列特征让这种小型啮齿动物看起来很滑稽：短而圆的鼻子，大大的眼睛，大大的耳朵，细长的后腿末端是长得不成比例的、有三个脚趾的大脚，以及相当于身体长度两倍的、20厘米长的尾巴。非洲跳鼠就像一只微型袋鼠，它们的长尾巴非常适合在沙地上高速跳跃，尾巴末端的长毛可以帮助它保持平衡。这种动物每晚能移动10千米寻找食物，每次可以跳跃3米远。每天最热的时候，这种啮齿动物会藏在它们用坚硬的前爪螺旋式挖就的洞中，洞穴逆时针向下，有几个洞室、入口和出口。为了保持洞穴内部的温度和湿度，它们会用沙子堵住入口。像大多数小型啮齿类动物一样，非洲跳鼠非常爱干净，洞穴的洞室之间有厕所，而且它们经常用沙子洗澡来清洁毛发。

　　非洲跳鼠无须喝水，它们从食物中摄取水分，喜欢吃花、草、果实、昆虫、种子，特别喜欢吃鸟蛋。它们广泛分布于埃及沙漠中，天敌是猫和猫头鹰。

　　虽然非洲跳鼠俗名包括"鼠"，而且也是一种啮齿动物，但实际上它们并不是老鼠家族的成员。

在金字塔的阴影下

就像大部分古代宗教一样，古埃及的宗教是多神论宗教，其中有很多动物神，也就是和周围环境中的动物外形一样的神。动物因两个原因而受到崇拜——它们的能力和它们带来的威胁。

古代宗教中有很多神具有动物的某些形态和特征，如食腐肉的豺狼代表阿努比斯神，在冥界摆渡亡者灵魂；蝎子代表赛尔凯特神，能够毒死敌人，也能保护人们免受毒虫蜇咬，是生育、魔法和医药女神。

古埃及人深入研究动物，试图驯服所有动物，他们畜养牲畜，也将某些动物当作宠物。从他们遗留的史料中，我们收集了大量关于当时的动物学的信息。在古埃及记载中经常出现的动物里，我们会讲到以下几种。

克，10岁左右长出银色的毛发和厚实的鬃毛；雌性体形刚好是雄性的一半，毛发呈棕色，没有鬃毛。

阿拉伯狒狒群体严格遵循"父权制"，有着森严的等级。大多数施行一夫多妻制，家族包括十多只雌性和一只领导和保护它们的雄性领导者。通常情况下，家族里有一只作为领导者的"追随者"的年轻狒狒，与领导者有血缘关系。两个或更多的家族联合起来形成一个大族群是很常见的，族群中的所有雄性都有亲缘关系，并且按年龄划分统治等级。当2至4个族群联合起来时，就会形成多达400只狒狒的群体，这些群体里的个体可能会发生争吵。多个族群联合起来组成一个大族群的情况比较少见。

对阿拉伯狒狒生存造成主要威胁的有耕地和牧场改造。它们的天敌有缟鬣狗、斑鬣狗和非洲豹，这些天敌生活在阿拉伯狒狒的分布区。

世界自然保护联盟将该物种评为无危物种。

阿拉伯狒狒看起来高傲而智慧，它们并不畏惧人类，雄性在日出时会发出呼号，宣告自己的主权。在古埃及神话中，阿拉伯狒狒是托特神的随从，托特神是月亮之神，也是智慧、数学和时间测量之神，是众神的抄写员。被称为阿斯滕努的阿拉伯狒狒的任务是称量死者的心脏，看守古老的冥界，有时托特神本人的形象不是鹮，而是一

■ 第138~139页图：这头准备继续旅途的家养驴子后面，是宏伟的吉萨金字塔群。
■ 上图：阿拉伯狒狒（*Papio hamdryas*）是杂食动物，也是优秀的掠食者。图中拍摄的狒狒成功地抓获了一只羚羊。
■ 右图：狒狒会细心地照顾它的幼崽，出行时会将幼崽背在背上。

阿拉伯狒狒

阿拉伯狒狒（*Papio hama-dryas*）生活在非洲之角和阿拉伯半岛的西南端，是狒狒中分布最靠北的一种。这些灵长动物生活在半沙漠地区，能适应栖息地的干旱环境。旱季它们一般居住于永久性水洼（最多三个）附近，最热的时候它们在水洼里洗澡，或者在水洼附近挖洞纳凉。

像所有的狒狒一样，阿拉伯狒狒是杂食动物。尤其是在雨季，它们会吃各种植物，包括花、种子、草、根和金合欢树的叶子，当它们捕食不到小羚羊时，也会吃昆虫、爬行动物和小型哺乳动物。

阿拉伯狒狒有明显的性二型，雄性体长可达80厘米，体重约30千

只狒狒。荷鲁斯的四个儿子之一哈碧，与阿努比斯神合作处理防腐工作，他有着狒狒的头。在装着从死者身上取出的用于制作木乃伊的内脏的罐子中，绘有阿拉伯狒狒的罐子是用来保存肺的。

角蝰

角蝰（*Cerastes cerastes*）的特点是一对在眼睛上方的角鳞，不过有的角蝰没有角鳞。雌性角蝰比雄性大，体长可达85厘米。根据周围环境的颜色，角蝰有淡黄色、浅灰色、粉红色、红色或浅棕色不等。角蝰背部有一连串的接近矩形的黑点，沿着身体排布，某些角蝰背部

的斑点可能会连成一条长纹。它们的腹部是白色的，尾巴一般很细，尖端可能是黑色的。

角蝰喜欢干燥、有散落岩石的沙地，并倾向于避开粗沙地。人们偶尔会在绿洲周围和海拔1500米以下的地区发现它们。这种动物以蛇行在沙地上移动，它们将坚硬的腹鳞收紧，然后侧身移动，留下特殊

▨ 左图：微风在沙丘上吹拂出整齐的沙纹，角蝰动作娴熟，此时它们抓地更稳。

▨ 上图：圣甲虫成虫的工作——将象粪球滚入洞穴。作为分解者，它们的工作在干旱环境中至关重要。

的印迹。同样，鳞片使这些爬行动物能够快速把自己埋在沙子下面，只留下鼻孔、眼睛和角鳞，几乎完全隐形。角蝰可以极其迅速地攻击敌人或猎物（小鸟和啮齿动物），一直咬到毒液开始起作用。角蝰毒液有多种作用，可以麻痹心脏和肌肉，还能引发大出血。

不难想象沙漠中的人们有多么惧怕角蝰，即便是现在人们仍然害怕这种几乎不可能察觉的毒蛇，因为某些情况下角蝰的毒液可以致命（尽管公元前2200年的埃及医生写道，如果用当时的药物治疗，一个健康的成年男子被咬后可以幸存）。角蝰在象形文字中曾出现，对应字母F。

圣甲虫

在地中海盆地的沿海沙丘上生活着一种被称为"圣甲虫"（Scarabaeus sacer）的蜣螂。它们的头部有一种带六角的角突，前足的每个胫节有4个突起，这在挖沙子和滚粪球时大有用处。这种甲虫收集草食动物的粪便，并将其压实，形成一个直径约为4厘米的粪球。这时，它们倒立起来，用后足推着粪球。这些粪球在晚上被滚回巢穴，圣甲虫通过银河发出的光来确定自己的方向。如果遇到障碍物，它们会在不改变方向的情况下努力克服困难。它们可以连续几天一点一点地吃下一个粪球，粪球一般藏在地下的一个小贮藏室里，雌性会在粪球中产卵，这样幼虫出生后马上就有食物可吃。

圣甲虫是最著名的甲虫，特别是在古埃及传统中。对于古埃及人来说，它们代表凯布利，是拉的早晨的神格，这位神滚动着太阳。人们还相信它们可以在没有雌性的情况下繁殖，因此也将这种甲虫比作阿图姆神，阿图姆神是夕阳的化身，能够自己繁衍后代。▨

纳米布沙漠

纳米布最引人注目的地区之一是索苏维来，这里有高大的沙丘，沙丘环绕间歇湖，湖水来源是水量极少的特萨查布河，河流的终点也在索苏维来。索苏维来地区基本占据了整个纳米布-诺克卢福国家公园，这里的沙丘色调温暖而鲜艳，鲜艳的红色是铁化合物长期的氧化作用形成的，从侧面彰显了沙丘历史之悠久。在这里，风塑造了大沙丘"Big Daddy"，它高达325米，与邻近的小沙丘相比更显高大，不过纳米布的最高沙丘是高达388米的7号沙丘。45号沙丘在连接塞斯瑞姆和索苏维来的道路上，位于道路的第45千米处，虽然高度只有170多米，但它仍然是世界上出镜率最高的沙丘，也是纳米比亚的象征。它的细沙是500万年前形成的。爬上山顶，人们可以欣赏到沙丘之间的光影变幻和色彩对比，在日出或日落时分尤为明显，还能看到沙丘之间的平地上覆盖着的浅色的硬化盐碱壳，以及在河流改道时几乎全黑的枯死的金合欢树干。

左图：纳米布沙漠红沙丘的典型景观，这里有各种丛生草本植物和金合欢。

从雾气中
寻找水

有水源的地方就有生命，在沙漠环境中，这条规则比在其他任何地方更为重要。所有生物都必须想尽办法保护水这种珍贵的资源，并使用浑身解数在看似没有水的地方找到水。

水能够以不同的形式出现，不一定只以降雨的形式落地，也不一定只集中在湖泊和河流中。在纳米布沙漠，珍贵的水会以雾的形式出现！

雾气的出现要归功于本格拉洋流，这是一股寒冷的洋流，将冰冷的水汽从大西洋深处带到南非和纳米比亚的西海岸。

纳米比亚戈巴贝布（Gobabeb）培训和研究中心的研究技术人员罗兰·穆希表示："本格拉洋流与海面上的温暖水汽相互作用之后，水汽被冷却，形成雾，形成露水。"然后，强劲的西南风会将雾气吹向沙漠。

有雾的沙漠是很罕见的，这种沙漠存在于智利的阿塔卡马。

在这里，像风车木（Combretum imberbe）一样强韧的植物才能够生存，它们是赫雷罗人眼中的圣物。风车木生长在干燥的河床上，其根系可深入地下50米，达到雨季形成的含水层。在智利的阿塔卡马地区，几乎所有的生物都已经进化到可以从雾中吸收水分，其中一些植物已经适应了纳米比亚和南非的沿海沙漠环境，因此变成了地方性植物。

在这些地方性植物中，除了百岁兰之外，还有纳米比亚野生甜瓜，除了拥有直径达40厘米、能扎根到30米深的根系之外，纳米比亚野生甜瓜还能通过茎部吸收水分。在纳米布沙漠特有的植物里，还有极少数善于伪装的植物，生石花就是其中的一员。它有一片肉质叶片，植物顶部中间有一条缝隙，当其他部分很好地隐藏在土壤中时，

它们就会开花。生石花的形状和颜色能让它们与周围环境中的石头融为一体。生石花不是通过叶子来汲取晨雾的，渗入土壤的雾气冷凝后形成水，它们通过根部吸收水分。

与植物一样，动物也可以"饮用"在其身上汇聚的水汽。比如，如果我们观察沙丘顶的大羚羊，很容易发现它们在等待潮湿的风在温暖的鼻子上凝结成水珠。早晨沐雾长足窄漠甲（Onymacris unguicularis）站在沙丘顶，捕捉那里的雾气。水汽在甲壳上以水滴的形式滚入凹陷处，然后沿着身体流下，进入甲虫贪婪的嘴巴。另一种扁漠甲（Lepidochora porti）会挖掘壕沟，让雾气在在其中聚集和凝结。

近300种动物，包括壁虎、蛇、鸟……都学会了在纳米布沙丘中生存，其中一半以上是地方性物种。人们逐渐意识到，纳米布沙丘的自然环境具有不可估量的生态价值。

▶ 长达300天的雾霾天

位于大西洋沿岸的斯瓦科普蒙德，是纳米比亚最重要的城市之一。城市建筑具有德国殖民时期建筑的典型特征，这里的雾霾天会让居民们发疯。该市位于一个经常下雾的地区，斯瓦科普蒙德的居民每年要经历大约300天的雾霾天。雾在凌晨时分形成，并持续很长时间，直到上午10点左右天气变暖时才消失。当沙漠中的生命急切地等待着雾气来临时，斯瓦科普蒙德的人们却在抱怨着天气！

■ 第146～147页图：沐雾长足窄漠甲是最有名的拟步甲科（Tenebrionidae）甲虫，它能够饮用凝结在鞘翅上的纳米布沙漠的雾气。
■ 右图：一头雄性非洲草原象（Loxodonta africana）正在吃被雾气浸润的金合欢叶。摄于纳米比亚胡阿布河谷。

百岁兰

百岁兰是纳米布沙漠的典型植物。从生态学角度看，它们适合在有雾气的干旱环境里生长。虽然百岁兰有长长的主根，可以深达地下水位获取水分，不过它们的大部分水源是用叶子收集的冷凝水，它们的叶片能直接吸收水份，另外，凹陷的叶片还可以将水珠导入周围的土壤中。通过这种方式，百岁兰能够"浇灌"从主根中分支出来的、位于土壤表层的侧根，在地下形成错综复杂的根系网络。

百岁兰的种子有纸状翼，可以被风带走。在百岁兰的自然栖息地，许多种子会被真菌感染，或被以它们为食的沙漠动物吃掉。百岁兰的种子的生命力可以持续很多年，不过它们只有在短期降水量满足需求时才会发芽。沙漠里很少有雨势足够大的时候，经常发生的情况是同一群落中的百岁兰都是同一年龄段的，因为它们都是在同一个雨水丰沛的年份发芽的。植物学家推算，百岁兰的种子中只有约0.1%能够发芽。

百岁兰是雌雄异株的，雄性球果呈橙红色，外形小而长；而雌性则是蓝绿色的，更大，呈纺锤状。百岁兰会产生少量的花粉，用花蜜吸引昆虫，花朵在很长一段时间内次第开放，能促成交叉授粉。

百岁兰的特殊性使其难以被分类，它被归入了较小的裸子植物亚门，该亚门包括松树和冷杉等有球

记事本

特殊的植物

每年都有生物学家、博物学家以及数以百计的游客从纳米比亚最大的城市斯瓦科普蒙德前往内陆的纳米布-诺克卢福国家公园，他们来这里的目的是拍摄一种有点奇怪的植物。它在沙漠植物中不算庞大，也没有芬芳艳丽的花朵，事实上，百岁兰长得相当丑陋，茎干直径约 1 米，通常不超过 50 厘米高。木质茎干的形状有点像翻过来的大象脚，茎干上只有两片不断生长且永不脱落的叶子（不过在达马拉兰，该物种的一个种群有少数百岁兰长有四片叶子）。百岁兰的叶片很坚韧，几乎有半米宽，5米长，布有许多凹槽，叶片垂到地上的部分被动物践踏，被恶劣天气摧残，看起来总是破破烂烂的。

▨ 左图：这张照片的两位主角相当稀有：一只纳米比亚变色龙在百岁兰的叶子上等待猎物。
▨ 上图：百岁兰红蝽（*Odontopus sexpunctatus*）的成虫和若虫以百岁兰球果为食，它们是百岁兰球果的主要传粉者。摄于纳米布沙漠。

果的植物。事实上，百岁兰在侏罗纪时期就已经存在了，当时裸子植物主宰着地球植物群。这种植物只生长在纳米布沙漠的孤立群落中，分布于长约1000千米的沿海狭长地带：从安哥拉南部延伸到纳米比亚

的奎斯布河口，以及靠近沃尔维斯湾的地区。几乎所有百岁兰的分布区都与纳米布沙漠中下雾的地带相重合，该地带与大西洋相距50至150千米。

羚羊和犀牛在干旱时期靠咀嚼

百岁兰的叶子汲取汁液，并吐出坚韧的纤维，它们也吃靠近根部的柔软部分，这并不会对植物造成损害，百岁兰叶子基部的生长带的细胞具有分生能力，能不断生长。雌性植株对当地部落更为重要，他们会生吃或用热灰煨烤百岁兰，据

说吃起来相当美味，这就是百岁兰的赫雷罗语名字"沙漠洋葱"（onyanga）的由来。

百岁兰的拉丁名 *Welwitschia mirabilis* 是为了纪念它的发现者弗里德里希·韦尔威奇（Friedrich Welwitsch），他是一位奥地利

植物学家，他在第一次见到这种植物时十分惊讶。

百岁兰没有被世界自然保护联盟红色名录收录，因为它在其栖息地仍然很常见，且受到当地法律的保护。百岁兰、非洲海雕和南非剑羚一起出现在纳米比亚的国徽中，

象征着坚忍不拔的精神、在恶劣环境中生存的能力和不畏艰险的信念。■

■ 上图：纳米比亚沙漠特有的百岁兰是雌雄异株植物。雌性植株（如照片中的植株）有着独特的纺锤状球果。

▶ 创下纪录的植物

有记录的最大的百岁兰是在梅苏姆火山口发现的，有180厘米高。而在斯瓦科普河附近的另一株百岁兰有120厘米高，870厘米宽。根据碳年代测定法的研究，百岁兰的平均年龄在500至600年之间，最大的植株有2000年的历史。它的寿命估计在400到1500年之间，每年夏季都会生长。

镜头下的
爬行动物

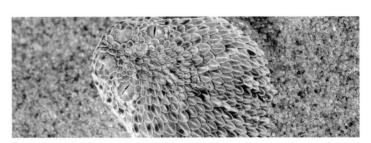

在面向大海的纳米布沙丘摄影、旅行，是一种非常美好的体验，这里的景色令人陶醉，鲜有明显的生命迹象。直到专家们发现了独特的沙丘动物在夜间行走时留下的足迹。

在纳米比亚旅行，斯瓦科普蒙德是重要的一站，一边是面向大西洋的"骷髅海岸"，在巨大的十字岬保护区（Cape Cross）里，有海狮、鲸、鹈鹕和火烈鸟；另一边是沙漠的沙丘。在这里，你可以寻求当地向导的帮助，他们一般是非洲人，可以组织摄影和旅行，带你寻找那些沙丘中的"小小居民"，否则游客是很难发现它们的。向导开着结实的四轮驱动车，翻越沙丘，在雾气散去时到达适合搜寻的地点。这里周围有一些多肉植物，只有经验丰富的向导才能发现沙子颜色略有不同之处。向导用手小心翼翼地挖开沙子，抓出来一只刚刚才睡着的奇特的厚趾虎。

夜间是它们的狩猎时间，此时猎物可能会被打得措手不及。

兰氏厚趾虎是一种相当"健谈"的蜥蜴亚目动物，它们的声音交流系统很复杂。

该物种并非濒危物种，当地政府在它们栖息的地方已经出台了相关保护法。

侏咝蝰

可供拍照的时间很短，厚趾虎又消失在沙子里了。我们继续往内陆走，沙子逐渐变成了粉红色，出现了一些枕木和铁轨的碎片，这证明人们曾尝试图在移动的沙丘之间修建铁路。专家们赤脚前行，观察地面，经过一番搜索，找到了蝰蛇。像所有的毒蛇一样，它们很冷静，平静地接受专家们的拍摄，并不打算浪费能量或毒液。它们名叫侏咝蝰（*Bitis peringueyi*），取自南非著名的昆虫学家路易斯·佩林盖伊（Louis Peringueyi），这种爬行动物经常被描述为"短小的纳米布毒蛇"或"短小却会膨胀的毒蛇"。从形容词"短小"可以猜到它们体形很小，平均长度在20～25厘米之间，有记录的最大长度为32.5厘米。它们的体色与环境相融，介于灰色和浅棕色之间，背部可能有不规则的黑斑图案。与角蝰一样，侏咝蝰在沙地上以对角线的侧绕方式移动，这种移动方式被称为"侧行式"，身体只有不到50%接触地面。

第154～155页图：这只兰氏厚趾虎（*Pachydactylus rangei*）在天刚亮时找到了一个合适的地方，把自己埋在被夜雾打湿的沙子里。

上图：一只兰氏厚趾虎从纳米比亚的沙丘中钻了出来。

右图：在纳米布沙漠，一条侏咝蝰（*Bitis peringueyi*）在沙丘间移动。

第158～159页图：侏咝蝰外形华丽，拥有典型的扁平三角形头部，它将大部分的身体都埋在沙子里，这样可以掩藏自己。侏咝蝰实际上是一种短小的毒蛇，平均长度堪堪超过20厘米。

兰氏厚趾虎

纳米比亚沙漠的兰氏厚趾虎（*Pachydactylus rangei*）整日待在相对潮湿的沙洞里，只有在夜幕降临时，它们才会冒险出来寻找小猎物。

这些厚趾虎长度在10～15厘米之间，皮肤上覆盖着薄而光滑的半透明鳞片，色调有灰色、棕色等，这是一套完美的伪装，可以让兰氏厚趾虎和环境融为一体。它们看起来很滑稽，大而红的眼睛里有垂直的瞳孔；眼睑是透明的鳞片，就像一幅眼镜，兰氏厚趾虎会定期舔舐眼睑以保持清洁；纤细的腿末端是相对较大的蹼足，这使它们能够在沙地上奔跑。此外，兰氏厚趾虎脚趾间的趾蹼上有微小的软骨，在挖掘时可以支撑肌肉。与其他厚趾虎一样，兰氏厚趾虎脚趾上的黏性肉垫布满薄片结构，有助于攀爬。

仅从外观很难辨别兰氏厚趾虎的性别。雌性兰氏厚趾虎每次会在潮湿的环境中产下两枚卵，年轻的厚趾虎有时只产一枚。大约8周后，已经有10厘米长的小厚趾虎出生，4天后开始捕食。

兰氏厚趾虎是一种效率不高的猎手，因为蝗虫、蜘蛛和大部分节肢动物体形都很小，很容易逃脱。

　　大部分把身体埋在沙子里的蛇都有角鳞，不过侏咝蝰的眼睛上方没有，它们的眼睛位于头部较高的位置，瞳孔纵置，就像潜望镜一样，所以不会受沙子影响。它们的尾巴非常奇特，和蝰蛇的尾巴一样很短，末端是深色甚至黑色的尖端。侏咝蝰擅长伏击猎杀，它们将尾巴的尖端暴露在沙子外面，不时移动一下，伪装成一只小猎物。当羽趾虎（*Ptenopus*）或铲鼻蜥（*Meroles anchietae*）试图抓住它们的尾巴尖端时，侏咝蝰就会立刻咬住它们。

　　侏咝蝰的毒液有细胞毒性，因为这种毒蛇体形很小，所以如果人类被咬伤一般只会感到疼痛和肿胀，有时会出现恶心和头晕，不过最好还是去急诊室就诊。

　　在世界自然保护联盟的红色名录上，侏咝蝰属于无危物种。不过，该物种的分布区域非常小，而且由于人类非法捕杀，它们的数量正在不断减少。

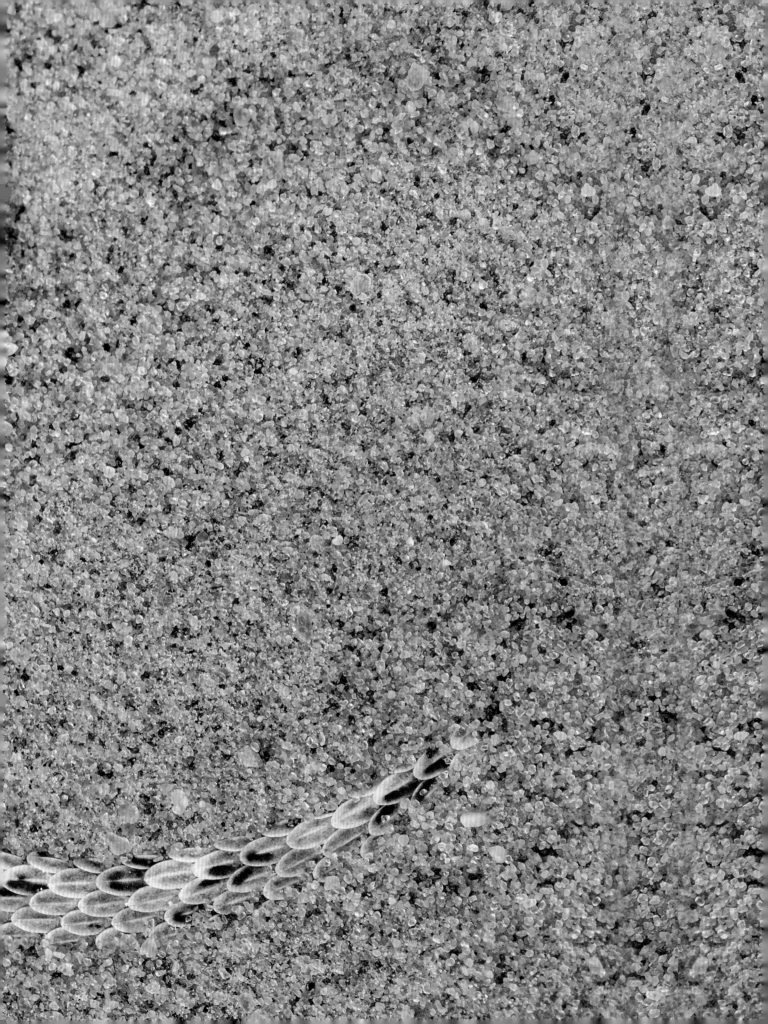

▨ 左图：像所有的变色龙一样，沙漠变色龙有着分别位于两侧的特别灵活的眼睛。

▨ 上图：雄性纳米比亚变色龙（Chamaeleo namaquensis）试图杀死对手以保卫自己的领地。

▨ 第162～163页图：这只纳米比亚变色龙已经瞄准了它的猎物，正准备用带有吸盘的舌头发起攻击，它几乎从不失手。

纳米比亚变色龙

时光流逝，我们渐渐靠近海岸，在一个小型的移动休息区停了下来。这里有灌木丛和一些小型蜥蜴目动物，也有惊喜发现——纳米比亚变色龙（Chamaeleo nama-quensis）。这种小型爬行动物最长可达25厘米，是南部非洲最大的变色龙之一。纳米比亚变色龙，即沙漠变色龙，来自纳米比亚和南非之间的干旱地区纳马夸兰。该物种是典型的地栖生物，因此尾巴并没有小勾子，比其他树栖变色龙的尾巴短得多，只占身体一小部分。纳米比亚变色龙的体色也与其他变色龙不同，虽然个体之间有差异，

但一般来说每只变色龙都有些许灰色或棕色的部分，体侧有几个较浅的斑点，背部嵴棱下方有较深的斑点。在凉爽的清晨它们体温低的时候体色要深得多，以便更有效吸收热量；而在炎热的白天，它们的体色会变得更浅，以便反射光线。

纳米比亚变色龙吃昆虫，尤其喜爱蟋蟀和蝗螂，也吃小型爬行动物，甚至吃蝎子。它们在沙丘上缓慢地追逐猎物，然后用长而黏的舌头捕捉猎物。纳米比亚变色龙的天敌有胡狼和猛禽，也会被家犬和家猫猎杀。

成年雌性变色龙每年会产下大约20枚卵，并将它们埋在沙子里。

小变色龙将在一百天后孵化。

纳米比亚变色龙是保护动物，电影《疯狂的麦克斯：狂暴之路》（2015年）的拍摄，对其在多罗布和纳米布-诺克卢福国家公园的栖息地造成了严重破坏。

原本是微风徐来，渐渐风越来越大。从海洋吹来的风带来了使沙漠保持活力的水汽，循环往复。风卷着沙粒，抹去了动物们在夜间留下的痕迹。现在已经不能继续探索了，动物们留下的踪迹荡然无存，盲目搜索非常危险。▨

天生的奔跑者

雄性鸵鸟身高可达3米，体重约为150千克。鸵鸟是最大的鸟类，平均寿命为50~60岁。虽然不是家养动物，但是在南非有专门饲养鸵鸟的农场，人们甚至还会把鸵鸟当作坐骑。

与绝大多数鸟类相比，非洲鸵鸟（*Struthio camelus*）无法飞行。从2014年起，非洲另一种索马里鸵鸟（*Struthio molybdophanes*）已被确认为一个独立物种，此前索马里鸵鸟是非洲鸵鸟的一个亚种。非洲鸵鸟和褐几维鸟、鹈鹕、大美洲鸵、鹤鸵有亲缘关系，是现存最大的鸟类。成年雄鸟身高可接近3米，而雌鸟则接近2米，平均体重为63~145千克，最高记录近乎157千克！

成年雄性非洲鸵鸟的羽毛很长，通常很柔软，整体是黑色的，翅羽和尾羽是白色的；而雌鸟和雏鸟则是灰棕色和白色的。它们的头

第164~165页图：在纳米比亚的埃托沙国家公园，一只雌性非洲鸵鸟在求爱时展示其灰棕色和白色的羽毛。

上图：一群非洲鸵鸟雏鸟在埃托沙国家公园的一个水洼前喝水。

右图：一只成年雄性非洲鸵鸟鼓起腮帮子，扬起羽毛，展示其主导地位。

部和颈部几乎是裸露在外的，只有一层薄薄的绒毛，颈部和大腿的皮肤颜色因种而异，例如居住在非洲南部的非洲鸵鸟南非亚种（*Struthio camelus australis*）有着特有的灰色脖子。

非洲鸵鸟主要以种子、灌木、草、果实和花为食，偶尔也吃昆虫，如蝗虫。因为没有牙齿，它们会吞下鹅卵石，以帮助磨碎食物。非洲鸵鸟进食时，食道里塞满了食物，有时能达到210毫升，随后它才会吞咽下去。食物通过颈部后进入胃部，以卵石进行研磨。非洲鸵鸟胃部容量高达1.3千克，其中多达45%是沙子和卵石。它们可以在数天不喝水的情况下生存，即利用代谢水（从生物体细胞内发生的化学过程中获得的水）和摄入的植物中的水分生存，失水达体重的四分之一也可存活。

在繁殖季节，成群的成年雄性非洲鸵鸟会分开行动，每只雄性鸵鸟都会试图征服2~7只雌性。占据主导地位的雄性会用强壮的腿刨地，形成一个30~60厘米深、直径2~3米的坑。占据主导地位的雌性将首先在坑的中心区域产卵，接着是其他雌性。到了需要用沙子覆盖鸵鸟蛋时，更强势的雌性会把较弱的雌性的蛋踢出去，因此只有大约20枚蛋会得到保护。这些鸵鸟蛋平均直径为15厘米，是自然界中最大的蛋，但是与雌性鸵鸟的体形大小相比，鸵鸟蛋实际上是很小的！它们的形状和大小都很相似。雄性鸵鸟在夜间孵卵，而雌性鸵鸟则在白天孵卵。

非洲鸵鸟的雏鸟出生时是黄褐色的，在第一年中每月生长约

25厘米，不过只有15%的雏鸟能活到一岁。如果能存活下来，它们可以活到40~62岁。雄鸟主要负责保护雏鸟，并教它们如何觅食。破坏巢穴并捕食雏鸟的主要有胡狼、各种猛禽、疣猪、獴和白兀鹫。因为不会飞，非洲鸵鸟在自然界中面临着各种可怕的捕食者，它们可能会受到猎豹、狮子、花豹、非洲野犬和斑鬣狗的攻击。凭借其敏锐的视觉和听觉，非洲鸵鸟能观察到远处的捕食者。在这种情况下，它们会躺下，将头和脖子贴在地上，因为炎热干燥的沙漠有热霾，它们在远处看起来就像一个土堆。

如果捕食者很近，逃跑就非常重要了，非洲鸵鸟的腿和脖子很长，奔跑速度能超过70千米/时，并能以50千米/时的速度匀速奔跑，是世界上跑得最快的两足动物。当走投无路时，非洲鸵鸟会用

把头埋进沙子里

与我们的固有印象不同，鸵鸟不会把头埋在沙子里以躲避危险。这个传说可能起源于老普林尼（Gaius Plinius Secundus，公元23～79年），根据他的说法，"当鸵鸟把头和脖子藏进灌木丛时，就觉得自己的整个身体都藏起来了"，然而事实并非如此。首先，因为要消化富含纤维的食物，鸵鸟需要把头伸进沙子里吃沙子和卵石以帮助消化；另外，这也可能是鸵鸟通过放低自己身体来进行防御的行为，从远处看它们好像"把头埋起来了"；最后，因为鸵鸟需要把蛋放在沙洞里，在孵化过程中必须不时用喙转动蛋，而挖洞、放蛋和转动蛋的动作，可能让人误以为它们企图把头埋进沙子里。

左图：一只雌性索马里鸵鸟在荆棘丛中迈着自信的步伐。摄于肯尼亚，水牛泉国家保护区。

前足有力地攻击敌人，给对手造成严重的伤害，甚至能杀死狮子。

为了在复杂且恶劣的环境下生存并高速奔跑，特别是为了适应极大的温差，非洲鸵鸟身体很多部位都出现了适应性演化。

任何观察非洲鸵鸟的人都会注意到它们特殊的腿。它们的双腿修长、健壮，而且它们也没有大部分鸟类拥有的四趾。腿部的第一部分（即大腿和股骨）很短，隐藏在羽毛下，有时人们看不到，人们能看到的是腿部的第二部分，即从胫骨和腓骨一直到脚踝的部分，这一部分比许多鸟类长很多。之后连接着跗跖，末端是两个长脚趾，其中一根脚趾比另一根更强壮、更长。所有大型食草动物都演化出了类似的身体结构，比如单趾的马或双趾的羚羊，它们需要通过奔跑来躲避捕食者的追击。

非洲鸵鸟内脏器官的生理结构也很特殊。从鼻孔吸入的空气要经过气囊（其他鸟类也有）才能到达肺部，气囊可以通过蒸发水汽散热。在同样多的血液里，非洲鸵鸟的红细胞数量大约是人类的40%，但是，它们的红细胞大约是人类的3倍大。因为血红蛋白（在血液中运输氧气的蛋白质）拥有特殊结构，所以血液的携氧能力（把氧气运输到组织细胞的能力）比人类和其他禽类都要强。非洲鸵鸟特殊的肠道和泄殖腔结构，能够根据水分是否充足来控制体液流失。非洲鸵鸟的肾脏长达30厘米，就像水库一样。除此之外，最热的时候，非洲鸵鸟可以将羽毛展开，形成约7厘米的隔热层。

研究人员认为，非洲鸵鸟也有通过大脑调节体温的能力，以应对较冷的夜间温度。

在过去的200年里，野生非洲鸵鸟的数量急剧下降，如今大多数非洲鸵鸟栖息在保护区或农场中。

卡拉哈里沙漠

　　卡拉哈里沙漠是非洲大陆形成过程中出现的古老沙漠，有干旱期和暴雨期，更接近草原气候。每年的平均降雨量约为110毫米，有些地区的降雨量超过500毫米。这里特有物种不多，但生物种类繁多。对野生动物最大的威胁是为管理放牧的牛群而架设的栅栏，这破坏了现有的植被。此外，畜牧者毒杀和捕杀食肉动物，尤其影响到了胡狼和野犬的生存。

　　2000年，南非的卡拉哈迪大羚羊国家公园与博茨瓦纳的大羚羊国家公园合并，形成了非洲首个跨境保护区——卡拉哈迪跨境国家公园。在这里，氧化铁将沙丘染成红色，而电线杆则支撑着织布鸟的巢穴。这里是大羚羊的家园，人们也能在这里观察到狐獴、灰颈鹭鸨、蛇鹫、非洲海雕、短尾雕、豪猪、胡狼，甚至还能一睹猎豹和拥有特殊黑鬃毛的南非狮。

左图：云层带来了雨水，卡拉哈里沙漠更像一片大草原。

《狮子王》里的狐獴丁满

这种动物可以在几秒钟内挖出与自身体重相当的沙子。狐獴通过挖掘来建造巢穴、寻找食物和扬起沙尘阻挡捕食者的视线。

　　大获成功的电影和系列动画片《狮子王》让数百万各年龄段的观众认识了居住在大草原和沙漠中的众多动物居民。影片中几乎所有"演员"都生活在卡拉哈里沙漠，尤其是最令人喜欢的主角之一——丁满。丁满是一只狐獴，它敏捷而修长，眼神透露着机敏与狡猾，它不会放过任何能找到的食物，这片开阔的沙漠是它的主要栖息地。狐獴（*Suricata suricatta*）体长约为30厘米，尾巴约长19厘米，是生活在非洲的20种獴之一，这种中小型食肉动物与灵猫科（Viverridae）

■ 第172～173页图：这只狐獴哨兵踮着脚尖站在洞穴附近，似乎在欣赏日落时分的沙漠风光。

■ 上图：在奔跑时，狐獴纤细的身体极为灵活敏捷。摄于南非卡拉哈迪跨境国家公园。

■ 右图：雌性狐獴抱着一个月大的幼崽们在巢穴附近观望。

动物相近。狐獴骨架细长，有长而灵活的颈部、脊柱和尾巴。它们既可以用4条腿也可以只用2条腿行走。它们坚硬的爪子长达15毫米，这对挖掘工作来说是不可或缺的。此外，狐獴的前爪还可用来抓握食物和梳理、清洁自己。

狐獴的头部特征能够提供很多关于它们的习性的信息。狐獴的吻部又长又尖，它们能在遇到危险时迅速躲到地下，也能够以极快的速度扑向并抓住小猎物。狐獴的耳

朵不是很大，位于头部两侧，有耳轮和耳廓，狐獴可以通过压低上侧的耳轮并将后侧的耳轮向前拉，将耳朵闭合，这样挖掘时沙子或土壤就不会进入耳朵里了。狐獴眼睛周围有黑斑，看起来就像戴着一个面具，这样在猎物和捕食者看来，狐獴体形会显得更大。狐獴的被毛颜色有灰色、浅棕色、银色等，背部有短而平行的条纹，且每只狐獴的条纹都独一无二；狐獴腹部的颜色稍浅，有一小块地方毛发稀疏，露

出黑色的皮肤。特别是在寒冷的沙漠之夜后的清晨，狐獴会站着露出肚皮利用黑色吸热的特点来吸收阳光的热量。

与灵猫科动物相比，狐獴能忍受更干旱的气候条件，甚至可以在没有水源的情况下生存，因为它们能够从块茎和果实中摄取所需水分。狐獴把尖尖的鼻子伸到岩石或原木下面来捕食节肢动物。走出洞穴后，群体的所有成员会立刻开始寻找食物。它们急急忙忙地从一块

▶ 狐獴的视觉

与大多数獴不同，在白天，狐獴的视力非常敏锐。它们的瞳孔尤为细长，即使在强光下，视野依旧非常宽广，因此它们可以从很远的地方发现猛禽。此外，狐獴的眼睛位于吻部上方，可以用双眼视物。它们的眼睛还有一层特殊的膜，可以使其免受沙子和灰尘的影响。

大石头绕到另一块，把石头翻过来寻找美食的样子非常滑稽。每只狐獴都单独搜索，但有时需要2到3只狐獴的合作举起重物，然后它们会分享战利品。

这些小型食肉动物生活在由20至30只个体组成的族群中，也会有超过50只狐獴的大家族，居住地面积达10平方千米。位于狐獴尾巴两侧的特殊肛门腺会喷出液体，用于标记领土，这些记号可以维持两周以上。在族群中，每只狐獴都有自己的任务，雄性一般扮演着哨兵的角色，它们会轮流爬上一棵树或岩石上的凸起处站岗放哨，每次约一小时。

一旦"哨兵"发现捕食者，它们就会发出响亮的警报声，警报是根据敌人的类型发出的：据

▨ 上图：有什么在灌木丛中移动！三只狐獴"保姆"有着极为敏锐的感官，它们高度警惕，保护着一只年幼的狐獴。

记事本

卡拉哈里狮子和棕鬣狗

在电影《狮子王》中，狮子和鬣狗是当之无愧的主角。虽然出于叙述的目的，它们被分为"好人"和"坏人"，但是在现实中，特别是在这样一个危机四伏的栖息地，它们扮演的角色往往与我们想象的相反。群体行动的鬣狗是口味挑剔的猎手，而狮子却连腐肉都吃。此外，研究人员还发现，卡拉哈里狮子可以通过食用大量野生南瓜来解渴。卡拉哈里沙漠的狮子（南非狮，*Panthera leo melanochaita*）是体形最大的狮子，部分雄性有黑色的鬃毛。

棕鬣狗（*Parahyaena brunnea*）是目前最稀有的鬣狗物种，最大的种群生活在卡拉哈里。它们的棕色长毛看起来脏兮兮的，颈部和背部的鬃毛是立起来的，最高可达30厘米。年轻的棕鬣狗能够用牙齿咬断跳羚的腿骨，但这种能力很快就会随着牙齿的磨损而消失。它们经常吃哺乳动物、昆虫、鸡蛋、果实和蘑菇（如沙漠里的松露）。

■ 上图：这只成年雄性南非狮不惧怕任何危险，自信地在卡拉哈里沙漠中前行。

■ 左图：稀有动物棕色鬣狗正在奔跑，它"脏兮兮"的长毛很惹眼。摄于南非，北开普省，卡拉哈迪跨境国家公园。

上图：三只等待探索世界的小狐獴，它们在巢穴入口处好奇地观察着周围的环境。

统计，有多达六种不同类型的警报。在面对陆地上的敌人时，如大耳狐或胡狼，狐獴会以群体的形式进行对抗，形成类似于"罗马龟形阵"的队形，它们不断前进，发出咆哮和"咔咔"声，直到敌人落荒而逃。

还有一种阵营，一群"哨兵"会围成一圈，在洞穴附近保护幼崽，一只"保姆"则负责照看这群幼崽，"保姆"需要连续几个小时保持警觉姿势，有时甚至需要在没

有产子的情况下产奶。

作为群体主导者的雌性狐獴有着交配权，它经常杀死其他母亲生出的后代，这些后代也可能被驱逐并形成新的族群。狐獴每胎会有1至4只幼崽出生，5周后它们将第一次接触世界。

狐獴很少在沙地上挖洞，它们更喜欢在干燥的河道和干涸的湖岸边挖洞，这里的土壤更紧实。因为沙漠地区温度波动较大，所以庇护所一般建在地下约2米深处。它们

的庇护所有很多层，在夏季，较浅几层的温差达到20℃，不过比沙漠中的温差还是小很多；较深几层的温度变化保持在1℃左右。

尽管受到精心照顾，狐獴幼崽仍然十分脆弱，猛禽、蛇（如眼镜蛇）和大型食肉动物都是最危险的捕食者。

狐獴在其栖息地和人工饲养地中数量众多，是无危物种。

聚焦 美味的沙漠蝎子

  獴通常会捕食任何比自己体形小的动物，特别是爬行动物，如蜥蜴和蛇，它们也吃鸟类和啮齿动物。除了用果实和其他植物来丰富自己的食谱外，它们还会去寻找蛋，如果有必要也吃腐食。狐獴像其他獴一样，会捕食节肢动物及其幼虫，如蜣螂的幼虫，这种幼虫味道鲜美，富含蛋白质，备受狐獴喜爱，它们尤其喜欢"酥脆"的沙漠蝎子。

  在沙漠中，狩猎是一种危险的游戏，有些动物的毒液非常强大，能够杀死狐獴的幼崽，有些动物则不那么危险。有些动物对人类而言可能没有危险，比如邱氏后目蝎（*Opistophthalmus whalbergii*），但是必须考虑到这可能因为它们总是生活在洞穴中，因此人类很难接触到，而对于体重不到一千克的小动物来说，这种蝎子是致命的。因此狐獴必须迅速出击，飞快咬住猎物的尾巴，使其无法伤及自己。一旦毒刺脱落，蝎子就变成了一道美味多汁的小菜。这种捕猎方法是由成年狐獴教给幼年狐獴的。

  左边：一只狐獴捕获到了真正的美味——一只从卡拉哈里沙漠抓到的邱氏后目蝎。

跳羚和南非

在少见的雨天，健壮的跳羚蹦来跳去，似乎在表达着它们的喜悦。此时跳羚低下头，伸展后腿，随即高高越起，就像参加竞赛的马儿一样。

那是1995年，纳尔逊·曼德拉总统身穿跳羚队的球衣，将橄榄球世界杯交给了非洲裔队长皮纳尔。2016年，南非国家队重新被列入国际橄榄球队名单，种族隔离制度逐渐走向末路。这场在南非举行的橄榄球世界杯中，球队中只有一名黑人，但在"一个国家，一支球队"（One team, one country）的口号下，大家也开始越来越高声地为获胜的跳羚队欢呼，南非也被称为"彩虹国度"（The Rainbow Nation）。2019年，橄榄球世界杯在日本举行，而赢得世界杯的是跳羚队，举杯的队长是黑人！

南非国家橄榄球队以跳羚命

名，跳羚也传递了宽容与和平共处的讯息，而随着橄榄球这项体育赛事的发展，世界各地的人也越来越有兴趣了解这种小羚羊。跳羚生活在非洲西南部的干旱草原，特别是卡拉哈里地区，它们的拉丁名 *Antidorcas marsupialis* 强调了这种食草动物的不同特征。非洲人称跳羚为"springbok"，意为"跳跃的羚羊"。这种动物奔跑起来非常快，速度达到55千米/时，最高纪录可达88千米/时；在遇到危险的情况下，它们会用一种特殊的方式跳跃——径直起跳（pronking），高度可达两米。

在跳羚的拉丁名 *Antidorcas marsupialis* 里，第一个词 *Antidorcas* 指明它们不是瞪羚属动物（前缀 Anti 代表"反"，dorcas 代表"瞪羚"）——它们是跳羚属动物，尽管跳羚与汤氏瞪羚非常相似。第二个词 *marsupialis* 指的是背部褶皱的皮肤形成的"袋子"——跳羚背部中间到尾巴底部的中线上有个"袋子"。在跳羚径直起跳时，褶皱展开，褶皱内15～20厘米长的白毛会立起来，露出跳羚特有的白脊。白脊有两种功能：警告兽群中的其他成员有危险；向捕食者发出警告，表明捕食者已被发现。

这种小型羚羊的背部毛发颜色是黄褐色的，身体两侧腹背之间有一条横向的深棕色条带，勾勒出浅

色的腹部区域。雌雄跳羚都有黑色的听诊器形状的角，它们的角可以达到50厘米长。

跳羚是反刍动物，以草本植物和多肉植物的叶子、种子、果实和花为食。它们能够在没有水的情况下生存，因为它们吃的植物至少有10%是水分。

跳羚会与家畜竞争，且肉质鲜美，所以常被猎杀。目前跳羚并不是濒危物种。

▶ 长脖子的亲戚

从遗传学角度来看，长颈羚（*Litocranius walleri*）是跳羚的近亲。这种羚羊生活在东非的干旱环境中，肩高约1米，因为它们有细长的腿，脖子和长颈鹿的类似，很容易被辨认出来。

为了够到最高处的叶子、花和果实，长颈羚用长长的后腿直立起来，伸长脖子，用尖尖的吻部从荆棘中取食。只有雄性长颈羚有短的里拉琴形状的角。

▨ 第182～183页图：在逃离捕食者的过程中，跳羚群的时速常常超过50千米/时。

▨ 左图：为了发出警告信号，跳羚露出特有的白脊，跳跃高度达2米。

▨ 上图：一只雄性长颈羚用后腿站起来够嫩叶吃。摄于肯尼亚，桑布鲁国家保护区。

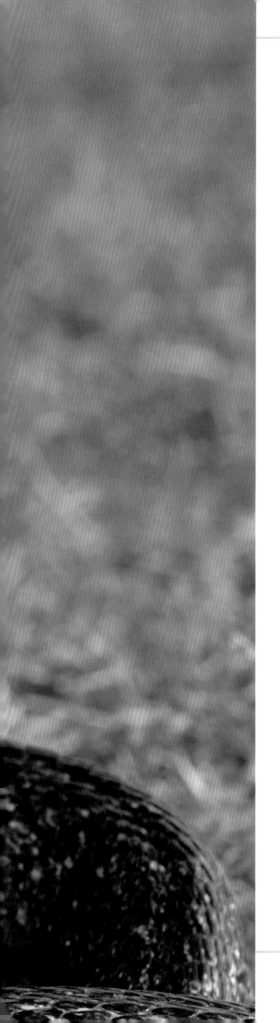

眼镜蛇和毒蛇

虽然可以在非洲南部的各种栖息地中生存，但是黄金眼镜蛇更加适应半沙漠和沙漠地区，它们经常栖息在啮齿动物的洞穴、废弃的白蚁丘和岩石缝隙中。

蛇的颜色多变，比如黄金眼镜蛇（*Naja nivea*）。但是黄金眼镜蛇的种本名*nivea*（雪白的）来源不明。有人猜测，可能是欧洲研究者通过观察黄金眼镜蛇的标本取了这个名字，当时标本已经褪色成白色了。

黄金眼镜蛇是中等大小的眼镜蛇。成年蛇通常有120～140厘米长，雄性比雌性大一些。历史记录里最长的黄金眼镜蛇是在纳米比亚捕获的雄蛇，长为188厘米。

黄金眼镜蛇昼出夜伏，白天积极觅食。在温暖的季节，傍晚时这种蛇可能依旧在外觅食，不过这种情况较少。与其他非洲毒蛇相比，这是一种比较平和的蛇类，它们动作敏捷，在受到挑衅时会快速

第186～187页图：南非西开普省的一条雄性黄金眼镜蛇，它的鳞片是深色的，呈现出防御姿态——身体前端抬起，"头罩"打开。

上图：在卡拉哈里沙漠，一群南非地松鼠（*Xerus inauris*）试图吓跑一条眼镜蛇，这条眼镜蛇已经靠近它们的洞穴入口了。

右图：卡拉哈里沙漠特有的黄色的黄金眼镜蛇，它正在织布鸟或群织雀（*Philetairus socius*）的巢里搜寻猎物。

反击。在遇到威胁时，黄金眼镜蛇会将身体的前半部分抬离地面，展开"头罩"，发出响亮的嘶嘶声，摆出眼镜蛇的典型姿态。

黄金眼镜蛇（卡拉哈里的种群以黄色为主）以各种猎物为食，比如其他蛇类、啮齿动物、蜥蜴、鸟类以及腐肉，年轻的黄金眼镜蛇甚至会自相残杀。虽然它们是陆地生物，但是这种爬行动物也能爬到树上，到达织雀的巢穴。

黄金眼镜蛇属于眼镜蛇科（Elapidae），强大的毒液含有神经毒素和心脏毒素，能够影响受害者神经、呼吸和心血管系统。对非洲的居民来说，黄金眼镜蛇是最危险的物种之一，不仅因为它们的毒液，还由于它们经常在人类房屋周围出没。人类被这种蛇咬伤且未获得治疗的死亡率并不完全清楚，但是人们认为黄金眼镜蛇毒液的致死率很高。死亡可能是各种因素造成的，受注入的毒液量、被咬者的心理状态以及毒牙的穿透力影响。用呼吸机机械通气、对症下药可以挽救受害者的生命，但是情况严重时也需要解毒剂。

黄金眼镜蛇会被蜜獾、狐獴和一些其他獴类，以及包括蛇鹫在内的各种猛禽捕食。黄金眼镜蛇是卵生动物，仲夏（12月至1月）雌蛇在温暖、潮湿的地方产下8～20枚卵，幼蛇破壳而出，便能完全独立生存，幼蛇长度为34～40毫米。

黄金眼镜蛇不属于濒危物种。

沙咝蝰

沙咝蝰（*Bitis caudalis*）是一种粗壮的蛇，一般长30~40厘米，有时也会超过50厘米，拥有特殊的角鳞，这是躲在沙下的蛇所特有的。这种毒蛇身体扁平，鳞片平滑，在想要避暑或躲藏时很容易就能用沙子将自己盖起来。它们的移动方式很特别，是侧绕行进的。沙咝蝰颜色各异，有灰色、棕色、红色、橙色，其体色可能取决于居住地区沙子的颜色。

这种爬行动物的主要栖息地是植被稀少的沙漠和半干旱的卡拉哈里灌木丛。沙咝蝰在傍晚时分捕食，会通过移动其尾巴末端来吸引猎物。当猎物接近时，它们会通过呼吸让自己的身体膨胀起来，发出嘶嘶声，并反复攻击猎物。

沙咝蝰似乎很少攻击人类，目前尚没有相关统计数据。关于沙咝蝰毒液毒性和毒液量的数据也很少，大约300毫克的毒液才能杀死一个成年人，因此人们认为沙咝蝰是咝蝰属（*Bitis*）中毒性最弱的一种，以上只是实验室测试获得的数据。而美国海军的一份旧报告中，将其毒性描述成了一种"会导致无数人死亡的剧毒"。在沙特阿拉伯利雅得的中毒控制和疫苗中心，正在生产一种多用途的解毒剂，应该也能解沙咝蝰的毒。

鼓腹咝蝰

鼓腹咝蝰（*Bitis arietans*）可能是非洲最常见、分布最广的蛇。在非洲，这种蛇造成的死亡比任何其他蛇都要多。高死亡率是由多种因素造成的，包括鼓腹咝蝰的广泛分布、庞大的体形、产生的大量强力毒液、长牙，以及喜欢在小路上晒太阳和接近人类居住地的习性。

鼓腹咝蝰的毒液具有细胞毒性，它们是毒性最强的毒蛇之一。据说，约100毫克的毒液足以在24小时内杀死一个健康的成年男性。

鼓腹咝蝰十分健壮，最长可达1.9米（平均长度为1米左右），身体中段的周长达40厘米，重量为6千克左右。它们的底色各不相同，有黄色、浅棕色、橙色或红棕色不等，表面有18~22条深棕色或黑色的沿身体向后延伸的斑纹。

鼓腹咝蝰一般很懒，运动方式主要是直线运动，就像毛毛虫一样，使用腹部的大鳞片，并利用自身的重量来拉动自己。被激怒时，它们会以蛇常用的运动方式前行，速度惊人。虽然是陆地生物，但是这种蛇也很擅长游泳，还能轻松地攀爬。

如果受到干扰，鼓腹咝蝰会发出"嘶嘶"声，并采取盘卷的防御姿态，上半身呈"S"形拱起。鼓腹咝蝰会突然发起袭击，它们长而高度灵活的毒牙，能够从正面和侧面伤害敌人。

雌性鼓腹咝蝰会产生一种信息素来吸引雄蛇，每胎平均产50~60枚卵，有时也能超过80枚。

左图：在沙子含铁量高的地区（如卡拉哈里沙漠），沙咝蝰是红色的，以此融入环境。

上图：南非马拉克勒国家公园内拍摄到的巨大的鼓腹咝蝰，它是非洲最危险的蛇类之一。

第192~193页图：南非多色雄性沙咝蝰的特写，摄于纳米比亚。

3 / 大岛的独特之处

镶嵌在海洋中的珍宝

岛屿是镶嵌在蓝色海洋中的珍宝，它们或与陆地相邻，或距离海岸线数千千米；或浸润在温暖的热带水域，或在冰冷的极地洋流中。每座岛屿都守护着一个无价之宝，那就是其动植物的独特性。事实上，每座岛屿的动植物都具有很强的地域特征。换言之，这些物种是当地特有的——它们仅在这片被海洋包围的土地上生长，而在世界其他地方难觅其踪。岛屿及其特有的生物群是地球上最具价值的生物多样性宝库之一。遗憾的是，这些岛屿中很少有未经污染的天堂，气候变化、人类活动，以及人类引入的物种，都在日益危及其脆弱的生态系统。

因此，引导大众将其周围的生态环境视为不可玷污的艺术品变得愈发必要。为此，我们既需要规范旅游业的相关法律，又需要加强传播保护环境的相关知识。

加拉帕戈斯群岛

加拉帕戈斯群岛位于厄瓜多尔海岸外约1000千米处，由太平洋上200多个岛屿和珊瑚礁组成。这是一片神奇的土地，方寸之地均有其独特之处，无论走到哪里都令人惊喜连连。加拉帕戈斯群岛在400多万年前从海底升起，是水下火山反复喷发的结果，起初群岛上没有任何生命形态。它是如何成为今天我们所了解的样子的呢？动物和植物通过两条遥远的旅途抵达群岛。第一条路线是空路：鸟类通过飞行，而苔藓和蕨类的孢子则经由风进行散播；另一条路线是海路：善于游泳的企鹅、海狮借助洋流来到群岛，其他物种则是通过来自南美大陆的植被形成的"木筏"抵达。这就能够解释为什么岛上没有本土的两栖动物，只有少量哺乳动物和大量爬行动物——这些生物适应性更强，更能够承受海上为期数周的严酷的生存条件。

多米尼加修士托马斯·德贝尔·兰加于1535年发现了这个群岛，当时他在从巴拿马到秘鲁的航行中被推向了这里。那次意外的探访之后的很多年里，加拉帕戈斯群岛始终被当作强盗、海盗和捕鲸者的港口。第一批常住居民于19世纪才抵达群岛。从那时起，这片土

■ 第194～195页图：数量众多的阿尔塞多火山象龟（*Chelonoidis vandenburghi*）在阿尔塞多火山山坡上的水洼里休息。摄于加拉帕戈斯群岛，伊莎贝拉岛。

■ 第196页图：熔岩上的两只海鬣蜥（*Amblyrhynchus cristatus*）。摄于加拉帕戈斯群岛，埃斯帕诺拉岛。

■ 右图：马达加斯加东北部特有的狐猴——红领狐猴（*Varecia rubra*）趴在热带森林里的树枝上。摄于马达加斯加岛。

地——尤其是五个有人类居住的岛屿（伊莎贝拉岛、圣克鲁兹岛、巴尔特拉岛、圣克里斯托巴尔岛和弗雷里安纳岛）发生了深刻的变化。原有的物种都灭绝了，1400多种外来物种对当地动植物造成了进一步破坏。此前从未有过天敌的动物，例如海龟，如今不得不面对在它们巢附近捕猎的狗、猫等，与它们争抢食物。另一个例子是山羊的到来导致巴尔特拉岛上的陆地鬣蜥因饥饿而灭绝。

加拉帕戈斯群岛最初没有受到游客的关注，直到20世纪60年代，第一艘游轮在群岛的海岸登陆。自那时起，涌入的游客越来越多，2018年已超过27.5万人次，当地人口也急速增长。群岛的大部分地区都有限制和管控，游客只能在1959年成立的加拉帕戈斯国家公园的导游的指引下进入岛屿。公园管理部门持续开展宣传活动，以期让游客尊守规章制度。比如，禁止接近动物、禁止投喂、按照既定路线穿行，以尽可能减少对群岛生态系统的破坏。

加拉帕戈斯群岛被列入联合国教科文组织世界自然遗产地和生物圈保护区，是世界上保存最完好的生态系统之一，是名副其实的生物

演化活博物馆。1998年，加拉帕戈斯群岛海洋保护区成立，其面积为133000平方千米，是十大海洋保护区之一。如果没有对海洋和沿海环境的保护，这些岛屿的生态系统就无法得到保障，因为许多物种完全依赖于海洋环境。企鹅、鸬鹚、海狮和无数生活在陆地上的鸟类，全都仰赖海洋的馈赠。这些动物与海洋之间联系密切，随着富含营养的冷洋流的到来和消退，它们的种群数量波动巨大。这种个体数量波动及生存范围限制，往往使这些物种极度濒危和脆弱。因此，水域变暖问题令人担忧，它可能改变海洋循环，导致这些动物的食物供给减少。

另一方面，许多物种虽尚未面临严重威胁，但必须及时加以保护，因为它们只存在于独立的，甚至非常小的岛屿。例如平塔的熔岩蜥蜴（*Microlophus pacificus*），尽管它不必应对人类活动或引入物种的威胁，但在诸如干旱等自然灾害威胁下，它们的数量也会急剧下降。

马达加斯加岛

与加拉帕戈斯群岛相反，马达加斯加岛是地球上最大的岛屿之一，与非洲大陆隔海相望。莫桑比克海峡将其与非洲的西南海岸分开。这片被印度洋包围的土地最初并不是一个岛屿，它在1.6亿年前从非洲大陆"脱离"，在随后的3000万年里到达了目前的位置。在这趟"旅程"中，马达加斯加岛并不孤单，它与印度、澳大利亚和南极

洲相伴，并在大约8000～9000万年前完全孤立。从那一刻起，这片神奇土地上独一无二、与众不同的历史正式开始了！

第一个人类定居点可以追溯到大约2000年前，印度尼西亚人航行至印度洋，然后沿着非洲大陆的东海岸抵达马达加斯加岛。在1500年发现该岛后，欧洲人曾多次试图上岛定居，但由于马达加斯加士兵的负隅顽抗而作罢，直到1883年法国入侵马达加斯加，将其变成殖民地，并利用其开展木材和香料贸易。这个国家在1960年才独立，但问题并没有结束。由于人口的增加和商业需求的增长，对自然资源的肆意开采使得多种动植物都受到了威胁。

马达加斯加是世界上最贫穷的国家之一。它的经济核心是自给自足的农业，农民仍然采用"烧荒垦种"的技术，热带森林被砍伐和烧毁，继而变为稻田。通常情况下，火势会蔓延到邻近地区，对生态系

统造成相当严重的破坏。此外，来自东部地区的珍贵硬木，如乌木和红木，在国际市场上售价高昂，这也导致这些木材在其应受保护的地区遭到非法采伐。同样的，荆棘林也被砍伐变成了木炭，当地居民为了赚点零用钱在路边售卖。这些做法的最终后果是许多物种失去了栖息地，如狐猴和变色龙，它们可能在本世纪末濒临灭绝。

事情还远非如此，许多动物被猎杀，当作食材或用于贸易。马达加斯加的爬行动物和两栖动物在动物国际贸易市场是"汁多味美的野味"，特别是睑虎、变色龙和乌龟。

马达加斯加政府在全国各地建立了诸多保护区，但这并没有从根本上解决问题，当地居民甚至常常抵制在保护区内实施的限制性法律。因此，对生态系统的保护不能以牺牲民众的利益为代价，而应致力于满足民众的需求，继而减少贫困。

引入新的农作物，如能够持续产出的多年生树木，或是适应养分丰富的土壤的植物种类，可以使退化的土地实现再生，并在更长的时间周期内带来收益。然而，烧荒垦种和种植水稻的做法在岛上已根深蒂固，当地居民很难对新技术、新作物产生兴趣。

一个行之有效的做法是有意识地发展旅游业，吸引游客来欣赏当地的自然景观。这将提高动植物群

名于世，拥有着宛如童话般的自然环境，然而这里和世界其他地区一样同样存在着土地过度开发导致的诸多环境问题。尽管这片土地看上去热情好客，似乎在张开双臂迎接游客，实际上却隐藏着仍未开拓的荒野。许多动物看上去强壮凶猛、坚不可摧，实际上正濒临灭绝的境地。

这些大自然的珍宝让我们美妙的星球熠熠生辉，值得我们深入欣赏、研究——以及更为重要的——保护。这里已经成为了一系列自然公园和保护区的所在地，专家和岛民联合起来，试图限制那些被经济利益蒙蔽了双眼的现代人，以确保保护政策在这些无可争议的人类遗产得到落实。当然，想要实现这些绝非易事，未来仍有很多问题亟待解决。■

的地位，成为当地居民收入与就业的来源，进而提高当地居民对动植物的保护意识。因此，要想实现对马达加斯加生态系统的保护，必须合理调和当地居民的短期需求和大自然的长期需求之间的矛盾。

新西兰岛、新几内亚岛和科莫多岛

最后，让我们将目光转向三个无与伦比的岛屿，它们独一无二，美得令人窒息。这三个岛屿分别是壮观的新西兰岛，充满野性的新几内亚岛和神秘莫测的科莫多岛。在这里，大自然造就了令人难以置信的美景——高耸入云的山峰、郁郁葱葱的森林、一望无际的山谷、清澈如镜的湖水、气势磅礴的瀑布。而这一切都被梦幻般的海滩所环绕，倚靠着如天堂般的海洋。

这些岛屿上的自然景观展现出极大的反差。它们以不朽的美景闻

加拉帕戈斯群岛

　　1835年9月15日，贝格尔号双桅船在加拉帕戈斯群岛海岸登陆。船上，年轻的英国自然学家查尔斯·达尔文还不知道，对这片群岛动植物的研究将为他提供灵感，从而形成他最重要的理论——进化论。

　　达尔文在这里观察到的情况彻底改变了他的世界观。被他称为因探访群岛而写成的"长篇大论"——《物种起源》，将他与加拉帕戈斯群岛紧紧地联系在一起。尽管该岛屿横跨赤道，但由于洪堡海流和克伦维尔海流拍打着海岸，当地炎热的气候得到了缓解。加拉帕戈斯群岛由海底火山喷发的熔岩凝固而成，实际上是从海里冒出来的，这就是为什么这些岛屿从未与大陆相连。这些特点使其形成了与众不同、独一无二的生态系统，且每个岛屿都各不相同，这片群岛成为了生物多样性的天堂。

　　尽管这些岛屿面积不大，但无论走到哪里，人们都能看到在世界上任何地方都看不到的独特的动植物奇观。

　　██ 左图：前景是一只成年海鬣蜥（*Amblyrhynchus cristatus*），后景是一只黑色幼年海鬣蜥。摄于加拉帕戈斯群岛。

不会飞的鸟

飞行是鸟类独特的本领，但有些鸟类已经失去了这一能力，转而选择了更适于它们生存环境的其他能力。在这些不会飞的鸟类里，有一类只生活在加拉帕戈斯群岛。

加拉帕戈斯群岛的鸬鹚

在费尔南迪纳岛的礁石之间，或是在伊莎贝拉岛的北岸和西岸，总能看到一种有着棕色羽毛和绿松石般眼睛的大鸟，这种鸟约1米高，展开轻盈的翅膀，仿佛要飞起来，它们就是弱翅鸬鹚（*Phalacrocorax harrisi*）。弱翅鸬鹚只生活在这两个岛屿上。与栖息在世界其他地方的鸬鹚相比，它们不能飞行。这一特征从它们的外貌就可见一斑，因为它们的翅膀太小，不足以支撑飞行。人们经常可以看到它们张开翅膀，或许还在拍打着——这种行为在它们所有能飞行的亲戚里很常见，这是因为它们的羽毛不

防水，在从水里出来之后需要晾晒一下。

事实上，与人们想象的相反，水是弱翅鸬鹚最舒适的环境，也是它们觅食的场所。而这正是弱磁鸬鹚演化的过程中翅膀变成"残疾"器官的原因——所谓的残疾，也就是丧失飞行能力。现存的其余30多种鸬鹚都是通过捕鱼来获取食物的，巨大的翅膀虽然对逃避掠食者追击很有帮助，但在捕食上却是一个很大的阻碍。由于羽毛不防水，空气会从一片片羽毛的缝隙中排出，使得潜水更容易，但如果羽毛太湿，就很难浮上水面。由于弱翅鸬鹚没有天敌，它所遵循的演化路径便更有利于觅食，其主要的猎物包括小鱼、螃蟹、小章鱼。它们常常潜入水中捕食猎物，而并不需要警惕掠食者，因此翅膀逐渐退化。

弱翅鸬鹚的求爱同样在水中完成，雄性鸬鹚在水中征服雌性，等到筑巢的时候才会来到陆地上。

筑巢期与6月至10月之间的寒

记事本

结婚礼物

当求爱成功，结为夫妇，雄性弱翅鸬鹚负责筑巢。通常筑巢的地点选在靠近水面的岩石上，但得避开海浪的侵袭。在那里，雄性弱翅鸬鹚会从海底带回海藻，积攒起来，带到雌性面前。筑巢完成后，一群又一群的雄性弱翅鸬鹚会给它们的配偶送来海星和海胆，这些东西会被用于装饰它们的爱巢。如果气候条件适宜，且食物充足，雏鸟孵化后大约70多天时开始独立，雌鸟会离开巢穴，组建新的家庭，哺育新的后代。

第206～207页图：一只弱翅鸬鹚（*Phalacrocorax harrisi*）在加拉帕戈斯群岛伊莎贝拉岛的海湾中潜水。

左图：一只弱翅鸬鹚（*Phalacrocorax harrisi*）刚刚浮出水面，它嘴里叼着用于筑巢的海藻，抖落羽毛上的水珠。

上图：一只雄性弱翅鸬鹚把十分亮眼的海星带回巢中作为送给雌鸟的结婚礼物。

流时期相吻合，此时寒流给海岸带来了大量的食物。通常十几对弱翅鸬鹚在同一个地方筑巢，每只雌鸟所产的3枚卵中，一般只有1枚能够孵化。

弱翅鸬鹚被认为是世界上最稀有的鸟类之一。这既是由于它们的分布区域非常有限，也与随着人类登岛带来的猫狗有关。由于不认识猫狗，弱翅鸬鹚并不惧怕它们，因此常常沦为这些宠物的猎物。此外，还有气候变化造成的影响，随着气温上升，食物的供应减少，弱翅鸬鹚的繁殖能力下降。如今，弱翅鸬鹚整个种群数量大约稳定在2000只以下，世界自然保护联盟已将其归类为脆弱但不濒危的物种——至少现在还是如此。

> 上图：三只成年加岛环企鹅（*Spheniscus mendiculus*）。摄于加拉帕戈斯群岛，伊莎贝拉岛，托尔蒂岛。
> 右图：一只加岛环企鹅（*Sphenniscus mendiculus*）从一群海底的海星上方掠过。

加拉帕戈斯群岛的企鹅

提到企鹅总会让人联想到南极洲一望无际的冰层，这种鸟类不畏惧极端的气候条件，能在极为严寒的南极冬季生存。但在加拉帕戈斯群岛，一切都很特别，事实上，这里栖息着唯一生活在赤道上的企鹅——加岛环企鹅。这里没有寒冬，没有冰雪，只有温暖的环境。为此，加岛环企鹅使用各种方法来散热，例如，通过采用喘息的呼吸方式，并常常把翅膀伸到腿上，以避免灼伤。与鸬鹚一样，达尔文发现了这一只存在于加拉帕戈斯群岛的独特物种，这位英国自然学家没有注意到，这一物种似乎是其他地区的物种演化而来，具有适应岛屿环境的特殊特征。

加岛环企鹅高约50厘米，重约2.5千克，是温带企鹅家族中最小的一种。它们的体色是区别于其他物种以及许多其他水生动物的典型特征。加岛环企鹅的黑色背部使它能够在黑暗的水中伪装自己，对任何从上方来袭的捕食者"隐身"；而它们的白色腹部，与穿透海洋的阳光融为一体，保护它们不被来自海底的捕食者发现。

它们的头部是黑色的，成年企鹅的头部会有一条从喉咙到眼角的白色线条。

加岛环企鹅的翅膀在空中毫无用处，但可以使它们在水中"飞翔"！在地面上，它们可能看起来略显笨拙，步履蹒跚；但在水中，加岛环企鹅非常灵活，在追逐猎物时，它们的速度可达到35千米/时。它们喜欢在靠近海岸的浅水区捕猎，主要以小鱼为食，如沙丁鱼、凤尾鱼和鲻鱼，寒冷的洪堡洋流会为它们带来这些食物，少数时候它们也会吃一些甲壳类动物。

对于加岛环企鹅来说，其食物中的95%的（共约2000种）都集中在最西边的岛屿，如伊莎贝拉岛和费尔南迪纳岛。只有非常小的比例在偏东部的岛屿，如圣地亚哥岛、巴托洛梅岛和弗洛雷亚纳岛的北部海岸。

加岛环企鹅会结为稳定的伴侣，贯穿它们20年左右的整个生命周期。它们全年都可以繁殖，在离海岸约50米的熔岩礁石凹处筑巢，以保护企鹅蛋不被阳光直射，因为阳光可能导致其过热。雌性加岛环企鹅通常一次产1~2枚蛋，夫妻双方共同孵化，周期为35~40天。30天后，雏鸟的背部长出棕色羽毛，腹部长出白色羽毛，这些羽毛可以保护它们免受强烈的阳光照射。大约60~65天后，它们便会离开巢穴。

人类带来的猫和老鼠是加岛环企鹅的主要威胁，它们经常攻击落单企鹅雏鸟，甚至成年企鹅，并捕食巢中的企鹅蛋。蛇和肉食性鸟类的攻击反而不太常见。鲨鱼、海豹和海狮会在水中对处在发育期的企鹅构成危险。人类也给这些动物带来了威胁，它们常被困在渔网中，或是遭受水污染的伤害。▨

▶ 危险的波动

虽然目前的状况尚且稳定，但加岛环企鹅仍被视为濒危物种，主要是因为它们的数量很少，容易受到厄尔尼诺现象的影响。厄尔尼诺现象是一种气候现象，每隔3~7年就会使太平洋中南部和东部的海水升温。由于缺乏能够捕食的鱼类，加岛环企鹅的数量经历了相当大的波动。1982~1983年，由于厄尔尼诺现象极其严重，加岛环企鹅数量从15000只减少到500只。气候的变化可能会增加这种现象出现的频率，继而使该物种面临更大的风险。

在岛屿中飞行

飞行是鸟类在岛屿和大陆之间的主要移动方式之一，当然也包括在群岛内一个岛屿和另一个岛屿之间。飞行能够探索整片土地，开发所有能利用的资源，并选择最佳的栖息地。

加拉帕戈斯群岛的蓝脚鲣鸟

在加拉帕戈斯群岛的众多鸟类中，最引人注目的无疑是蓝脚鲣鸟加拉帕戈斯亚种（*Sula nebouxii excisa*）。

这种水鸟最与众不同的是其有趣的外观，整个脚蹼呈现出鲜亮的蓝色，在其背部的棕色羽毛和胸部的白色羽毛的映衬下显得格外醒目。它的头部有白色和棕色的斑点，前部覆盖着鳞片状的皮肤，其颜色与蹼足的颜色一致。它的喙非常长，呈棕色，喙的边缘呈锯齿状。居于两侧的淡黄色眼睛保障了宽阔的视野。

蓝脚鲣鸟雌雄之间没有形态和颜色上的差异，只能通过雌性略大

记事本

奥林匹克跳水运动员

鲣鸟的捕鱼技术十分了得，其一连串的跳水动作会让最优秀的奥林匹克跳水运动员都自叹不如。通常情况下，鲣鸟聚集成一小群，在水面上飞行，搜寻猎物。第一个发现鱼群的鲣鸟会率先俯冲下去——这是在给同伴们发出一个明确的信号。鲣鸟会从30米的高度，以100千米/时的速度俯冲入水。为了避免受伤，在即将撞击水面之时，鲣鸟会尽可能地将翅膀向后折叠，加上其长而尖的喙，共同构成了一个完美的流体力学形状。此外，其头骨内的特殊气囊能有效保护大脑，就像给自己戴上了头盔。入水后，鲣鸟可以潜到数米之深，在水下划出一道长长的弧线后再叼着一条鱼浮出水面。其喙的边缘呈锯齿状，可以牢牢地锁住猎物，使其无法逃脱。

于雄性的体形来区分雌雄。蓝脚鲣鸟平均体重约为1.5千克，略高于80厘米。

有时它们的行为会显得相当笨拙，尤其是在求偶时期。首先，雄性蓝脚鲣鸟通过凝视雌性的眼睛来选择伴侣，如果雌性的目光发生了改变，雄性就会开始跳舞，它会先慢慢抬起一只脚，然后再抬起另一只脚，向雌性展示脚蹼的颜色。如果有潜在的伴侣对此表示欣赏，雌性便会反过来向雄性展示自己的脚蹼。然而，对求爱者来说，这一切尚未结束，此时，雄性会给雌性带来草叶和干树枝作为礼物，除了展示自己的脚蹼之外，它还会半张开翅膀，伸长脖子，将喙指向天空，同时发出尖锐的口哨声。这时，如果雌性蓝脚鲣鸟没有转身离开，那么求偶仪式就成功了，这对伴侣将会共度数个季节——除非有特殊情况。

虽然求偶仪式十分复杂，不过脚蹼的颜色才是获得青睐的关键。

第212~213页图：一只蓝脚鲣鸟（*Sula nebouxii*）在礁石上展开翅膀。

左图：八只蓝脚鲣鸟组成的鸟群一同俯冲向鱼群。

上图：一只成年红脚鲣鸟和一只幼年红脚鲣鸟（*Sula sula*）在枝叶搭建的巢穴中。

脚蹼越蓝，雄鸟就越有可能被选中。据观察，脚蹼颜色的深浅与其身体状况有关，特别是关乎其免疫系统的健康状况和营养水平，仅在两天没有进食后，脚蹼就会开始变得暗淡。因此，雌鸟在选择脚蹼最蓝的雄鸟时，实际上在选择最健康、抵抗力最强和最善捕食的雄性。

通常，蓝脚鲣鸟的巢建在地面上，为了使鸟巢更显眼，它的周围会被划上一圈白色的鸟粪，在黑色的熔岩和红色的地面上显得格外醒目。蓝脚鲣鸟一般聚群而居，各自的巢穴之间会保持一定距离。雌鸟通常会产下两枚卵，如果环境条件良好，也就是食物充足，两只雏鸟都会长大成年。如果食物不够充足，蓝脚鲣鸟夫妇会照顾第一只孵化的雏鸟。蓝脚鲣鸟夫妇分工协作，共同寻找食物，喂养雏鸟。

蓝脚鲣鸟并不惧怕人类，所幸目前并没有濒临灭绝。全世界有不到40000对蓝脚鲣鸟，其中一半（蓝脚鲣鸟加拉帕戈斯亚种）生活在加拉帕戈斯群岛，在那里受到良好的保护。

不仅仅是蓝色

除了蓝脚鲣鸟外，还有两种鲣鸟也在加拉帕戈斯群岛筑巢：橙嘴蓝脸鲣鸟（*Sula granti*）和红脚鲣鸟（*Sula sula*）。

橙嘴蓝脸鲣鸟的捕鱼方式以及筑巢地点都与蓝脚鲣鸟相似，但在羽色上有所不同，它们的羽毛洁白无瑕，部分飞羽和尾羽为黑色，喙为橙黄色，面部皮肤为黑色，蹼足为灰色。而红脚鲣鸟喜欢在峭壁附近的植被上筑巢，红色脚蹼是它们最显著的特征，羽翼与橙嘴蓝脸鲣鸟相似，但其喙为蓝黄色，脸颊点缀少许红色。

左图：一只仙人掌地雀站在仙人掌的花序上。

右图：红树林树雀（*Camarhynchus heliobates*）停驻在托尔图加湾的红树林枝杈间。摄于伊莎贝拉岛。

达尔文雀

达尔文雀是世界上最著名的鸟类之一，几乎所有种类都是加拉帕戈斯群岛特有的。它们都属于同一家族。不过，虽然英文名是Finch，但它们和真正的Finch，也就是蓝雀并不是一家。这个名字的由来非常直观——对于这些类似于麻雀的鸟类的研究标志着查尔斯·达尔文研究的转折点及其对于进化理论的阐述。这位英国博物学家仔细观察后发现，这些物种在形态和大小上非常相似，不同之处在于喙。因此，达尔文认为，这些鸟类有一个共同的祖先，随着时间的推移，逐渐演变出不同的物种。利用形态各异的喙，即使在同一个岛上，这些鸟类也能够利用不同生境，而无需互相争夺食物。科学调查和遗传研究表明，这些鸟类共同的祖先大约在200万年前从南美洲海岸抵达加拉帕戈斯群岛。抵达之后，这些共同的祖先在不同岛屿环境自然选择的压力下进行演化，逐渐演变成今天为人熟悉的物种。

从达尔文开始的科学观察一直持续至今，这主要归功于英国生物学家及动物学家，彼得·格兰特和罗斯玛丽所做的研究。自1973年以来，他们一直在进行监测考察，实地研究进化理论，他们的主要研究场地在达芬·梅杰岛。

如何识别不同的物种？

毫无疑问，仅凭羽色是无法辨别的：它们的羽色都非常相近。大多数达尔文雀为黑色、棕色及橄榄色，尾巴很短，翅膀粗壮呈圆形。不过，羽色对于区分雌雄方面颇有帮助。中地雀（*Geospiza fortis*）以及许多其他物种的雄性的羽色通常是黑色的，而雌性的羽毛则带有棕色条纹。

达尔文雀不同物种之间最大的差异在于食性，这取决于每个岛屿上动植物群的可获得性，因此，捕获食物的技能也有所不同。如此一来，观察达尔文雀进食的过程或许有助于辨别它的物种。有些物种，如仙人掌地雀（*Geospiza scandens*），以仙人掌属花蜜为食。而红树林树雀（*Camarhynchus heliobates*）和拟䴕树雀（*Camarhynchus pallidus*）则会使用小棍子或仙人掌的刺来挖腐烂的木头，觅食甲虫幼虫。

辨别达尔文雀不同物种最明显的特征无疑是喙的大小和形状，而这又与食性密切相关。那些以昆虫为食的鸟有着薄而锋利的喙；短而坚硬的喙则适合用于敲碎种子。大地雀（*Geospiza magnirostris*）具有最硕大的喙，当然，这里的"硕大"是就其自身大小的比例而言。它能用喙劈开最坚硬的种子。小树雀（*Camarhynchus parvulus*）具有最短小的喙，它能用喙寻找树木与岩石的狭窄缝隙里的昆虫。

▶ 危险的幼虫

达尔文雀正在遭受各种威胁，包括人类引入的捕食者和栖息地受到的破坏。最濒危的物种之一是红树林树雀（*Camarhynchus heliobates*），其数量仅有100余只。如今，在繁殖地，捕食鸟蛋和雏鸟的老鼠数量得到了控制，因此红树林树雀雏鸟的数量有所增加。然而，不幸的是，另一种威胁依然存在，那就是由人类引入的寄生蝇（*Philornis downsi*）。这种昆虫的成虫是无害的，但是幼虫以雏鸟的血液为食，常会导致雏鸟死亡。2013年，37%的红树林树雀雏鸟由于这一原因未能存活。

聚焦 吸血地雀

吸血地雀（*Geospiza septentrionalis*）仅分布在加拉帕戈斯岛最西北部的沃尔夫岛和达尔文岛。正如它的俗称"吸血雀"所示，这种鸟类以血为食。它们不会撕咬猎物，而是利用尖锐的喙刺进其他鸟类的皮肤，直至血液流出。它们最喜欢的"猎物"是各种鲣鸟，尽管它们在吸血过程中会给猎物造成伤口，但这些猎物几乎不会受到干扰。这种行为可能是由最初吸血地雀在鲣鸟身上清理寄生虫的行为演变而来的。

不过，血液只是这些鸟类的食物之一，它们还会吃种子、小型无脊椎动物和仙人掌花的花蜜，这或许是为了弥补岛上淡水短缺的问题。

吸血地雀最初被认为是沃尔夫岛和达尔文岛特有的尖嘴地雀（*Geospiza difficilis*）的一个亚种。如今，基于遗传学、形态学和鸣声类型的差异，吸血地雀已被世界鸟类学家联合会鉴定为一个独立的物种。吸血地雀的雄鸟是黑色的，而雌鸟是灰色的，带有棕色条纹。由于它们的栖息地十分有限，加上人类引入的物种对它们产生了严重的影响，目前吸血地雀被列为濒危物种。

左图：一只吸血地雀（*Geospiza septentrionalis*）正在吸食橙嘴蓝脸鲣鸟（*Sula granti*）的血。

海洋和陆地之间

在数学家、制图师和天文学家杰拉多·梅卡托雷于1569年绘制的地图中，南美洲海岸外有一些小岛，被称为"GALOPEGOS"，这是一个古老的西班牙语单词，意为"海龟"。群岛的名字就来自于此。

巨龟

巨龟是加拉帕戈斯群岛的标志性动物，在体形之大、行动之缓和寿命之长等方面都远胜于其他动物。这些使它们闻名于世的特征也恰恰是它们在过去几个世纪中大规模灭绝的原因。

除了生活在加拉帕戈斯群岛的龟群，如今这种特殊的爬行动物只余一个种群，分布在塞舌尔（印度洋）的阿尔达布拉环礁。最初，人们认为这两个种群之间的关系颇为密切，甚至相信加拉帕戈斯群岛的龟群是由水手引入的。实际上，

它们的近亲已被确认为阿根廷象龟（*Chelonoidis chilensis*），这种龟群生活在阿根廷和南美大陆的其他地区。这意味着加拉帕戈斯群岛目前的巨龟种群是由一个在200万～300万年前到达群岛的"陆地祖先"演化而来的。由于加拉帕戈斯群岛从未和大陆相连，陆地龟群登陆海岸的唯一的可能方式便是通过海路——要么依附在植物组成的"木筏"上，要么是自身具有漂浮能力，依靠自己的力量登岛。

这些爬行动物第一个登陆占领的岛屿显然是最东部的地区，如埃斯帕诺拉和圣克里斯托瓦尔，因为这些地区是从陆地迁徙过来的物种最先登陆的地方。几乎可以肯定的是，它们最初的体形已经十分庞大了。对它们而言，把脖子伸出水里相对更为容易，最重要的是，由于和体积相比裸露的部分较小，它们在海水中长时间浸泡而受到的渗透性脱水的影响较小。由于第一批海龟在占领群岛的各个岛屿时不得不应对各种环境条件，当查尔斯·达尔文到达加拉帕戈斯群岛时，他统计了大约15个不同的物种（亦有作亚种），均为阿根廷象龟属。

▶ 脆 弱 的 物 种

由于人类对土地的开发与外来物种的入侵，以及栖息地逐渐缩小到单一岛屿，加拉帕戈斯群岛的所有物种都被列为脆弱物种或濒危物种。目前预计有20000到25000个野生物种。除此以外，还需要算上设立在若干岛屿上的crianza基地——也就是繁殖中心——饲养的幼龟，如查尔斯·达尔文研究站。从群岛所有筑巢地点收集到的蛋会被运送到基地以确保顺利孵化。一旦小海龟成长到一定大小，不再面临危险，它们就会被重新放生到原属的岛屿上。

根据龟壳的形态，目前尚存的物种可以分为两大类——鞍形和圆盖形。前者的龟壳正面边缘凸起，颈部非常长；而后者的龟壳有非常明显的弧度，颈部较短。

最大的一类巨龟具有圆盖形龟壳，其长度可达1.8米，重量超过400千克。它们生活在潮湿的岛屿上，那里茂盛的植被为它们提供了丰富的食物。另一方面，在更为干燥的岛屿上，植被稀少，鞍形龟更容易找到肉厚多汁的仙人掌。

由于没有天敌的威胁，巨龟们过着平静的生活，每天休息长达16个小时，只在温度适宜的时间段活动——凉爽季节里的正午前后，温暖季节里的早晨或傍晚。

这些动物能承受长时间的干旱，它们会在干旱时期进一步限制自己的活动，在没有食物或水的情况下存活长达一年之久。这种能力使它们能够忍受从陆地到群岛的海上航行，不幸的是，捕鲸者和海盗会在航行中把活的巨龟抓到船上作为食物储备，以及用于提取灯油。这种对巨龟的疯狂捕捞，导致了大量的巨龟被杀，数量估计在10万到20万只之间。

巨龟全年都可以进行交配，交配期间是唯一可以听到它们声音的时候。事实上，整个交配过程中，雄性巨龟会发出富有节奏的声音，类似于咆哮。而雌性巨龟不会发出任何声音，除了当它缩进龟壳时，由于排出大量的空气而发出的一种

第220～221页图：阿尔塞多火山象龟（*Chelonoidis vandenburghi*）的特写。摄于伊莎贝拉岛。

左图：一群阿尔赛多火山象龟（*Chelonoidis vandenburghi*）在水塘里休息。

上图：一只新生的平塔岛象龟（*Chelonoidis duncanensis*）破壳而出。摄于圣克鲁斯阿约拉港，查尔斯·达尔文研究站。

哨声。雌性巨龟通常在温暖的季节产卵，它们会用后腿挖一个圆形的巢穴。圆盖形龟壳的巨龟最多可产7枚卵，而鞍形龟壳的巨龟则最多可产25枚卵，其形状和大小让人联想到乒乓球。由于外来物种的引入，龟卵和幼龟面临着巨大危险。诸如狗、猫和猪都会捕食龟卵和幼龟。而山羊则会践踏龟巢并加以破坏。在一些岛屿上，山羊和巨龟之间还存在着对于食物与栖息地的激烈竞争。

好在巨龟与其他动物共栖生活并没有那么艰难，巨龟与一些鸟类，特别是与达尔文雀和鹟类之间建立了互惠互利的关系。这些鸟类获得了一个可靠的食物来源，那就是它们以寄生在龟壳和巨龟皮肤褶皱之间的寄生虫为食，而巨龟也因在鸟类的帮助下清理了这些不速之客而受益。

聚焦 孤独的乔治

1906年，平塔岛象龟（*Chelonoidis abingdonii*）被宣布灭绝。直到1971年，在一座已经被人类引入的山羊破坏殆尽的岛上，一位匈牙利研究人员发现了一只雄性平塔岛象龟。这只象龟被命名为"孤独的乔治（Lonesome George）"，立即被转移到圣克鲁斯的查尔斯·达尔文研究站加以保护。与此同时，一场和平的"狩猎"活动开始了，研究人员希望能为它寻找到同种的雌性象龟进行交配，然而，无论是在群岛还是在世界各地的动物园，都没能得偿所愿。为了保护平塔岛象龟的基因，科学家们试图让乔治与基因相似的物种交配。他们首先尝试让乔治与来自伊莎贝拉岛狼火山地区的沃尔夫火山象龟（*Chelonoidis becki*）交配，然后是来自西班牙的艾斯潘诺拉岛象龟（*Chelonoidis hoodensis*）。尽管这两只雌性象龟产下了几枚由乔治受精的蛋，但没有一个得以孵化。乔治于2012年6月23至24日的晚上去世，年龄在80至100岁之间。该物种再度灭绝——但尚存一丝希望。实际上，在狼火山附近一带，研究人员发现了带有高达90%平塔龟DNA的混血物种。这些物种年龄尚小，可能意味着在伊莎贝拉岛的某个地方仍存在纯净的物种，甚至可能不止一只。

摘除平塔岛象龟已然"灭绝"的标签可能再次成真，就像费尔南迪纳象龟（*Chelonoidis phantasticus*）在1906年被宣告灭绝，但在2019年初又再次被人类发现。

▨ 左图：孤独的乔治是平塔岛象龟（*Chelonoidis abingdonii*）这一物种尚存于世的最后一员，在它死后，该物种被宣告灭绝。

加拉帕戈斯群岛的鬣蜥

鬣蜥，一种仿佛存在于远古的爬行动物，身披棘刺以及大而厚的鳞片。加拉帕戈斯群岛的鬣蜥也不例外，岛上有四种不同的鬣蜥，又被细分为几个亚种。

其中有三种陆生鬣蜥吸引了达尔文的注意，然而，达尔文却毫不恭维地将它们描述为"外形奇特的丑陋动物"。

加拉帕戈斯陆鬣蜥（*Cono-lophus subcristatus*）最常见，它分布在于六个岛屿上，是该群岛的一个标志。这种爬行动物以其头部、腿部和身体下部的橙黄色为特征，背部则偏红褐色。巴灵顿岛陆鬣蜥（*Conolophus pallidus*）与其外形相似，但比较罕见，因为它只生活在巴灵顿岛上。

第三种为加拉帕戈斯粉红陆鬣蜥（*Conolophus marthae*），首次出现于1986年，由于其颜色对爬行动物来说相当怪异，因此获得了"粉红陆鬣"的称号。该物种只生活在伊莎贝拉岛狼火山的北坡。

所有种类的鬣蜥个头都相当大，可达1米长，雄性鬣蜥的体重超过13千克。这些爬行动物生活在非常干燥的岛屿上，那里往往缺乏淡水。为了克服缺水，它们以植物为食，尤其是果实，也会食用叶子，甚至是仙人掌的刺，这些食物

▨ 右图：一只加拉帕戈斯粉红陆鬣蜥（*Conolophus marthae*）。这类鬣蜥只在伊莎贝拉岛的狼火山北坡被发现过。

为它们提供必要的水分以度过干旱期。早晨，鬣蜥躺在赤道地区温暖的阳光下，在最炎热的时候则躲在树荫下，到了晚上，它们睡在挖就的地洞里，以维持白天积累的身体热量。

雄性鬣蜥具有领地意识，会极力捍卫有更多雌性的地方。雌性鬣蜥到了交配季节会寻找一个合适的筑巢地点，然后挖一个洞，在里面产下2～20枚卵，这些卵在3～4个月后孵化。出生的小鬣蜥在一周左右便会离开巢穴，大概能活到超过50岁。对于鬣蜥来说，幼年是存活的艰难期，年幼的鬣蜥很容易成为

上图：一只海鬣蜥（Amblyrhynchus cristatus）在埃加斯港附近海床的海藻丛中。摄于加拉帕戈斯群岛，圣地亚哥岛。

许多捕食者的猎物。

加拉帕戈斯群岛上真正的明星

▶ 营 救 行 动

如今，所有加拉帕戈斯群岛的鬣蜥种群都非常稳定，但过去并非如此。1975年，在伊莎贝拉和圣克鲁斯两个岛屿的种群几乎被成群的流浪狗灭绝了。一些鬣蜥随后被带到繁殖中心，部分被放生于圣克鲁斯西北的小岛上。在这里，人们将数百立方米的土壤进行转移以建造合适的筑巢区。此举大获成功，鬣蜥健康成长并持续繁殖至今。每隔三年左右，加拉帕戈斯群岛的鬣蜥幼体会被带回圣克鲁斯，与此同时，流浪狗成群的问题也得到了解决。

是海鬣蜥（Amblyrhynchus cristatus），这是世界上唯一的海洋鬣蜥。就连达尔文也不遗余力地"赞美"它，将它描述为"令人恐惧的……恶心笨拙的蜥蜴"。在加拉帕戈斯群岛几乎所有的海岸都有海鬣蜥出没，远远看去，它们与黑色的熔岩融为一体。

这种爬行动物确实令人匪夷所思，它们生活在陆地上，在陆地上休憩、筑巢，却以在海里啃食海床上的藻类为生。短而钝的鼻子形状为这种行为提供了便利，同时，由于肠道中存在特殊细菌，海洋植被得以消化。在孵化后的头几个月，海鬣蜥幼体会以成体的粪便为食，正是为了获得这些细菌。更罕见的是，它们以甲壳动物和昆虫为食，在一些岛屿上甚至以陆地植被为食，这也许是为了弥补厄尔尼诺现象造成的藻类短缺。据观察，由厄尔尼诺现象引起的饥荒，使得海鬣蜥不仅变瘦了，甚至也变短了，当食物再次变得充足时就会回归原来的形态。出现这种情况是因为这些爬行动物能够吸收骨组织，从而缩小骨头尺寸。

除了藻类植物，海鬣蜥还摄入大量的盐，这些盐被血液过滤，并通过鼻子中的腺体以"打喷嚏"的方式排出体外。

海鬣蜥是十分优秀的游泳运动员，扁平的尾巴在游动中提供助推力，腿部则无需运动。长长的爪子用于攀附在岸边的岩石上，或在进食时沿着海床移动——其实，如果不游动，它能够漂浮在海面上。

海鬣蜥的体色随着它们的成长过程而变化：幼年的海鬣蜥是全黑的，而成年的海鬣蜥则呈现出从红、黑到绿、灰的各种颜色，这取决于其所处的岛屿。

由于其鲜红的颜色，埃斯帕诺拉的海鬣蜥又被冠以"圣诞鬣蜥"的绰号。在繁殖季节，当雄性海鬣蜥保卫它们的巢穴时，颜色通常会变得更加鲜艳。

人们经常可以看到克方蟹或达尔文雀忙着在躺在阳光下的海鬣蜥皮肤上寻找寄生虫。微冠蜥也常常追赶在海鬣蜥身上飞来飞去的苍蝇。

在海里，这些爬行动物没有天敌；而在陆地上，它们可能会成为鹰、鹭甚至猫的盘中餐——尤其是那些幼年海鬣蜥。

长有皮毛的游泳健将

与大陆相隔一定距离意味着在这些岛屿上本土或地方性哺乳动物数量极少。例如，加岛稻鼠、加拉帕戈斯海狮和加拉帕戈斯海狗。

加拉帕戈斯海狮

在码头的长椅上幸福地伸着懒腰，对远道而来的游客视而不见，或是在圣克鲁斯岛的鱼市上带着充满好奇的表情，甚至舒服地躺在沙滩上晒太阳——它们是加拉帕戈斯海狮（*Zalophus wollebaeki*），生活在加拉帕戈斯群岛上最大的哺乳动物，同时也是同类动物中最小的一类。雄性加拉帕戈斯海狮的体重可达250千克。除了通过体形大小来分辨雌雄，我们还可通过雄性额头上的隆起以及更为粗壮的脖子来与雌性区分开来。

在陆地上，海狮们会聚集成群，一只占主导地位的雄性海狮统领着一块领地，领地里有一群雌性海狮，但是，雌海狮们可以自由地在不同领地之间移动。雄性海狮承担守护领地的任务。在繁殖季节，雄性海狮大部分时间都会在其领地的海岸线上巡逻，以防止其他

方的脖子，留下深深的伤口。

　　繁殖季通常从5月持续到次年1月。一只雌性海狮一胎产下一只幼崽，并抚育1至3年。正因如此，一只雌性海狮抚育不同年龄幼崽的情况屡见不鲜。产后，母亲会和幼崽共同度过5天时间，在此期间，它们通过气味和声音学会在海狮群里认出彼此。第一阶段结束后，雌性海狮会回到水中觅食。

　　通常情况下，当其他海狮妈妈去捕食时，一只雌性海狮会留下来看护幼崽们。幼崽们开始尝试在浅水区玩耍，5个月左右的时候，它们就能慢慢学会自己捕鱼了。为了免受天敌——鲨鱼——的伤害，雌

竞争者入侵。在游动时，它们会将尾巴露出水面，发出类似狗叫的声音，以彰显对某一片海域的统治地位。这种行为需要付出相当高昂的代价，有时会导致危险的决斗。在决斗过程中，海狮们会互相咬住对

性海狮常常和雄性海狮一起行动。

海狮顽皮的性格和水生的生活方式常常吸引游客接近它们，不过，靠得太近可能会有被咬的风险，尤其是雄性海狮。

和所有鳍足类动物一样，海狮的身体呈流线型，十分符合流体力学，身上所有的突起都被减少到最低限度。它的头部呈圆形，耳郭非常小。雄性的阴茎被鞘包住，雌性的乳头会往回缩，乳房是位于腹部和腰部的片状组织，即使在哺乳期，也不会凸出。

海狮用前腿游泳，并经常像冲浪者一样踏浪而行，以节省能量。

加拉帕戈斯海狮数量在20000到50000只之间，它们被列为濒危物种，既是因为厄尔尼诺现象抑制了其猎物的繁殖从而限制了它们的数量，也有人类活动的诸多因素。海狮在跟随渔船企图捞点好处的时候反而成为了意外的受害者。还有一个十分严重的威胁来自DDT，这是一种防治疟疾的杀虫剂，会在食物链中积累，研究人员常常在海狮体内发现这种高浓度的有毒物质，尤其是幼崽体内。

记事本

追逐金枪鱼

沙丁鱼和其他小鱼是海狮的主要食物来源，为了捕获猎物，海狮会潜伏在离海岸10～15千米远的地方。因此，与群岛上的许多其他物种一样，这些哺乳动物的觅食与厄尔尼诺现象密切相关——厄尔尼诺现象会导致它们最钟爱的鱼群周期性死亡。在这种情况下，它们可能会潜到更深的水域寻找灯笼鱼。

在伊莎贝拉岛附近，人们观察到无畏的海狮是如何将通常在近海游动的大型黄鳍金枪鱼赶向海岸，同时堵住它们的逃生路线的。在某些情况下，捕猎的海狮甚至会把鱼群逼到岩石边，直接逼出水面，从而困住它们。随后，金枪鱼群在浅水区或海滩上被吃掉，这常常会吸引鹈鹕、螃蟹和鹰的到访，它们希望能从中获得一些残羹剩饭。较大的军舰鱼也会到访，试图抢夺海狮的战利品！

▨ 第230～231页图：一只雌性加拉帕戈斯海狮（*Zalophus wollebaeki*）的特写。

▨ 左上：两只加拉帕戈斯海狮幼崽在埃斯帕诺拉岛的海滩上玩沙子。

▨ 左下：一对加岛稻鼠（*Aegialomys galapagoensis*）在啃食仙人掌。

▨ 上图：一只雄性加拉帕戈斯海狮在吃在近海捕获的黄鳍金枪鱼（*Thunnus albacares*）。

▨ 上图：一只加拉帕戈斯海狗游泳后在礁石上晒太阳。

▨ 右图：加拉帕戈斯海狗幼崽的精彩特写。

加拉帕戈斯海狗

在鲜有游客光顾的岩石、阴暗的礁石之上，加拉帕戈斯海狗（*Arctocephalus galapagoensis*）找到了它们理想的栖息地。岩石之间的缝隙为这些动物提供了绝佳的庇护所，它们不大耐热，70%的时间都在陆地上度过。也是出于同样的原因，它们更喜欢寒冷的水域，且在夜间捕食。但在月圆之夜则不然，因为这时它们更有可能被最主要的天敌鲨鱼发现，而它们的猎物鱿鱼和小鱼则会躲到更深的水域。

加拉帕戈斯海狗比一般海狗小得多，雄性海狗体长约150厘米，体重约65千克，它们的头部更肥大，耳朵和眼睛更突出，身上的皮毛更厚实。

繁殖季从8月中旬持续到11月中旬，一只雌性海狗一胎产下一只幼崽，哺乳幼崽一周后雌性海狗回到大海觅食。此时有一点至关重要，当雌性海狗捕鱼回来时，幼崽要学会迅速辨认出自己的母亲。因为雌性海狗只会给自己的幼崽哺乳，而强烈排斥给其他幼崽哺乳。即便间隔了相当长的时间，即便群落内部位置发生显著变化，雌性海狗也能再次辨认出自己的幼崽。幼崽的生活并不轻松，经常会因为争夺奶水而与哥哥姐姐发生冲突。虽然海狗幼崽在一岁时就能够学会捕猎，但它们会继续接受哺乳两到三年的时间，这导致海狗幼崽的死亡率相当高。当食物匮乏时，有80%的海狗幼崽会因为哥哥姐姐仍然需

要哺乳而被饿死。

加拉帕戈斯海狗被列为濒危物种，目前数量较为稳定，但在1982~1983年，由于厄尔尼诺现象的严重影响，该物种数量急剧下降。所有幼崽和30%的成年海狗都面临死亡的威胁。

▶ 保护毛皮

在19世纪，加拉帕戈斯海狗遭遇了残忍的捕杀，成为濒临灭绝的物种之一，其原因正是由于它们那厚实而又极度绝缘的毛皮。值得欣慰的是，在1959年，一部旨在保护该物种的法律出台，禁止了捕猎行为。如今，我们很容易就能看到它们，特别是在圣地亚哥岛和热诺维萨岛。

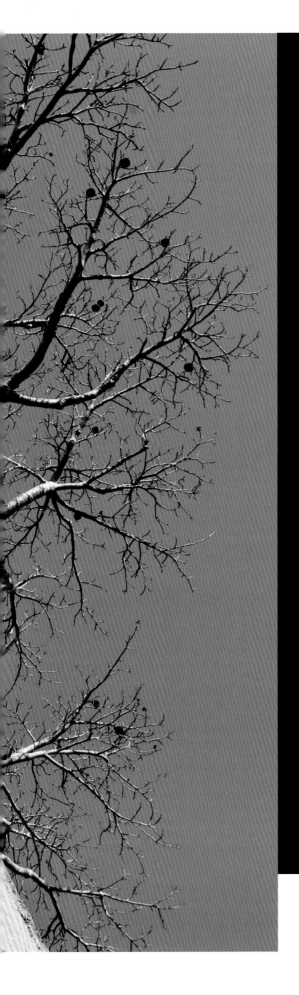

马达加斯加岛

　　从地理位置来看，马达加斯加岛离非洲海岸如此之近，但从动植物物种的多样性来看，却犹如天各一方。1.6亿年的演化历程将非洲大陆与马达加斯加岛完全分隔开来。这座世界第四大岛屿不仅仅以其巨大的面积引人瞩目，更令人惊叹的是它拥有的丰富物种，使其成为地球上生物多样性最为丰富的地域之一。在已经被记录的20万种物种中，几乎有80%是马达加斯加岛的特有物种。举例来说，岛上大约有300种不同的马达加斯加蛙，它们只生活在马达加斯加岛，且还有许多尚未被发现的物种等待我们去发现。马达加斯加岛因其土壤的颜色而得名"红土岛"，它包括从东部沿海雨林到山地草原，从南部半干旱地区到西部沿海红树林的多样生境。高大雄伟的猴面包树和千姿百态的兰花构成了奇妙而独特的岛屿景观，带给人们许多意想不到的惊喜！

　　左图：大猴面包树（*Adansonia grandidieri*）及其果实。摄于马达加斯加西部，穆隆达瓦附近。

夜晚的精灵

狐猴的学名来自拉丁语，意为"幽灵"。如今，尽管从分类学角度来说并没有特别的价值，但它几乎涵盖了所有的马达加斯加灵长动物。这些动物是马达加斯加岛的特有物种，已经成为该岛的象征。

狐猴

在马达加斯加岛的辽阔大地上，或是在纵横交错的红土路上，经常会上演一出别开生面的跳跃式舞蹈。维氏冕狐猴（*Propithecus verreauxi*）以其在地面上独特的运动方式而声名远扬，它们以两只后脚着地，前腿抬高，进行长距离的横向跳跃。这种不同寻常的运动方式使得它们在地面上拥有足够的速度，以避免与潜在的天敌发生不愉快的相遇。维氏冕狐猴是在马达加斯加岛上发现的大约100种狐猴中的一种。

▶ 濒危的狐猴

马达加斯加岛正面临着失去其标志性动物的危险，世界正面临着失去狐猴的危险。很不幸，几乎所有已知的狐猴都被列为濒危物种，即使发现了任何新的狐猴，它们的数量也非常少，在被发现后很快就会被列入濒危物种，最近发现的一些狐猴物种就出现了诸如此类的情况。

除了来自自然界的天敌，也就是马岛獴，狐猴面临的主要威胁便是人类。糟糕的耕作技术实际上造成了对土地的过度开发，导致狐猴的栖息地不断减少；致使其栖息地缩减的还有采矿业的发展。此外，当地居民还猎杀狐猴，有的用作食用，有的将其作为宠物非法出售。

这些狐猴在岛上发展壮大是由于非洲大陆缺乏其他典型的灵长动物，随着环境的变化，它们逐渐分化为四个科，即狐猴科、鼬狐猴科、大狐猴科和鼠狐猴科。在这些科中，可以看到十分与众不同的物种，无论是从体形还是从行为来说，它们都各有千秋。侏儒倭狐猴（*Microcebus myoxinus*）栖息在树上，习惯夜间活动，体长约6厘米，体重约30克，是世界上最小的狐猴；大狐猴（*Indri indri*）体重可超过9千克，习惯昼伏夜出。它们以"歌声"而闻名，这种歌声用来在族群内部间交流，或和其他族群宣告领地范围。除了声音之外，狐猴还会用嗅觉信号来相互交流，这些信号由特殊的分泌物产生，不同的族群会产生不同的分泌物。人们还观察到，环尾狐猴（*Lemur catta*）诞下的不同性别的幼崽会产生不同的气味。

狐猴之间不仅在体形和行为上千差万别，其食谱也存在很大的差异。一般来说，体形较小的狐猴会吃果实和昆虫，而体形较大的狐猴则多食草。当然也存在例外，在特定情况下，环尾狐猴并不排斥猎食小型脊椎动物。除此之外，不同的物种之间有不同的社会结构。环尾狐猴是母系氏族，因此，雌性在获取食物资源、选择休憩地点时处于优势地位，甚至在排泄时也享有优先权。这一独特的社会结构使得环尾狐猴与其他几乎所有哺乳动物截然不同。环尾狐猴十分注重洁净，雌性狐猴之间会互相梳理毛发，这既是为了卫生，也是为了增进感情。它们会使用梳状的下门齿梳毛，为了清理可能卡在"梳子"上的毛发，环尾狐猴还有一个副舌，十分适合用于在一颗牙齿和另一颗牙齿之间进行清理。

记事本

一天一条马陆

2016年，人们首次观察到一只红额美狐猴（*Eulemur rufus*）好奇地与一只马陆互动。这只雌性狐猴首先轻轻地啃咬马陆，然后将其毒液分泌物涂抹在自己的生殖器和尾部。

"按摩"一结束，狐猴会把马陆吃掉，人们认为这是为了减少肠道寄生虫。马陆会产生一种用于抵抗捕食者的物质，具有极强的杀虫能力——尽管根据之后在其他物种中多次观察到的结果，这一结论并不绝对。

此外，马陆因这种"治疗"而释放的有毒物质似乎在狐猴身上产生了一种副作用。研究人员认为，除了被作为驱虫药使用之外，它们也成为了一种"毒品"。

第238～239页图：维氏冕狐猴（*Propithecus verreauxi*）特有的跳跃姿态。摄于马达加斯加岛贝伦蒂自然保护区。

左图：一只雌性大狐猴（*Indri indri*）正在帮助它的幼崽清洁。摄于马达加斯加岛安达西伯·曼塔迪亚国家公园。

上图：一只雌性黑美狐猴（*Eulemur macaco*）捕捉到了一只马陆，以利用它产生的有毒物质。

记事本

指猴寻踪

尽管指猴是一种十分难以观察到的动物，但其夜间的觅食行为会在树干上留下数十个显而易见的洞。这些印记近年来成为估算其数量的线索。虽然无法判断关于指猴数量的确切数据，这些神秘的灵长动物足以被列为濒危动物。森林的滥伐导致它们的栖息地迅速缩减。另外，当它们靠近村庄时，会被村民们认为是不祥之兆而被猎杀。

◼ 左图：这棵树干上可以清楚地看到指猴（*Daubentonia madagascariensis*）为了寻找它爱吃的昆虫幼虫留下的大大小小的洞。摄于马达加斯加北部，达瑞纳，Andranotsimaty附近的森林。

▨ 右图：攀爬在树枝上的指猴，发出敲击声的细长手指清晰可见。摄于马达加斯加岛，指猴岛。

指猴

马达加斯加这片土地上孕育着许多神秘莫测的动物，以至于马达加斯加人将其视为厄运的象征，是魔鬼的执行者。指猴（*Daubentonia madagascariensis*）是这座岛屿独一无二的存在，从外观上看，它就像一个怪物，它拥有猴子的身体，猫一样的黄眼睛，三角形的口鼻部容易让人联想到狐狸，蝙蝠一般的大耳朵能够自如转动，而牙齿无论是从外观还是从功能上都和松鼠相仿。这种灵长动物包括尾巴在内的体长可达90厘米，其中一半以上是它的尾巴。

不过，真正让它出名的特征是它的手，它的手指就像人类的手指一样，而且第三根手指比其他手指要长得多。也许正是这样的手指，加上它的夜行习性以及对人类的有恃无恐，导致它在当地人中名声极坏。实际上，这样的手指的主要用途是寻找食物，指猴是一种杂食性动物，最喜欢的食物是藏在树干中的肥美的昆虫幼虫。正是因为有了这双奇特的手，它才能够轻易捕获这些美味。虽然指猴很难被观察到，但它会被自己狩猎时发出的敲击声所出卖。傍晚时分，指猴会离开巢穴，敲击树木枝干，凭借

其出色的听觉找到昆虫幼虫挖的隧道。一旦锁定了猎物的位置，指猴就会咬断木头，挖出一个洞，用它的长手指伸进洞里，夹住猎物送进嘴里。指猴是迄今为止已知的唯一一种似乎是利用声波（回声定位）来捕获猎物的灵长动物。它还会用一根手指挖出果肉，然后将其浸泡在水中，再送入口中。

指猴不存在明显的性二型，雌性指猴的体形会略小一些。幼崽通过吸吮母亲乳房（在靠近腹股沟的位置）获得哺乳，直到出生七个月后，它们开始吃一些其他食物，逐渐断奶。◼

岛上的掠食者

在马达加斯加岛，掠食性哺乳动物普遍体形小巧，纤细，腿短。它们都有一个共同的祖先，它们的祖先乘坐着漂浮植物组成的"木筏"，从非洲经海路到达马达加斯加岛。

马岛獴

尽管马岛獴（*Cryptoprocta ferox*）体长仅约80厘米（不包括尾巴），体重最高为12千克，但它却是马达加斯加岛上最大的掠食性哺乳动物。

在黄昏、黎明、夜间，有时也

在白天，马岛獴像猫一样在森林中悄无声息地移动。它的确与猫有一些共同特征，例如可伸缩的爪子和敏捷的身姿。其修长的鼻子与獴相似，而红褐色的被毛则会让人联想到狗。这种奇异的组合还可以再增加一种动物——它像熊一样用脚掌

行走。

在马达加斯加岛上，马岛獴的食谱极其广泛，哺乳动物、爬行动物、鸟类、两栖动物，以及昆虫都能成为它们的猎物。马岛獴是卓越的攀爬者，它们可以轻而易举地穿梭在树枝间追逐狐猴，同时像走钢丝一样保持平衡——这要归功于它的长尾巴。

无论是独居或是群居，雄性和雌性马岛獴都会用位于肛门和生殖器附近的具有特殊气味的腺体分泌物来标记领地。马岛獴的交配季节通常在9月到10月之间，这些动物会聚集成一个个小群，在20米高的树枝上进行交配，交配时间持续三个小时左右。有趣的是，同一棵树会连续几年被用作交配的场地。雄性马岛獴之间会发出声音相互挑衅，并摆出威胁的姿态，甚至可能发起真正的攻击，为的是吸引雌性的注意，而雌性则会决定是否与一个或多个雄性交配，并在交配地附近停留一周。其他雌性也可以使用同一场地。雌性马岛獴通常一胎诞下2~4只极其弱小的幼崽，重量约

掠食者的天敌

马岛獴没有天敌，它们主要的威胁是人类，在人类聚居地，马岛獴臭名昭著，常因捕食鸡和其他农场饲养的家禽家畜而遭到猎杀。它们在整个马达加斯加岛分布广泛，但其个体数量却在大幅下降，目前被列为脆弱物种。马岛獴的另一个威胁是森林的砍伐，这使得它们的理想栖息地不断减少和破坏。

100克，刚出生的小马岛獴尚未睁眼，且没有牙齿。到了一岁左右，它们就能完全独立生活，也可以留在母亲身边，直到3~4岁达到性成熟。

其他掠食者

马岛獴是马达加斯加岛上最大的掠食者，但并不是唯一的掠食者。

马达加斯加岛第二大食肉动物是马岛缟狸（*Fossa fossana*），又名马岛灵猫，这是一种类似于狸猫的小型哺乳动物。它的体长（不包括尾巴）略小于50厘米，最大体重为2千克。马岛缟狸是一种夜行捕食者，它的吻部长而尖，与狐狸的类似，棕色的短毛上遍布着黑色条纹，这些条纹在体侧变成圆点，在尾部呈环状。它们的食谱主要包括小型哺乳动物、爬行动物、鸟类、蛋、无脊椎动物，甚至是淡水蟹，统统来者不拒。与马岛獴相反，马岛缟狸并不善于攀爬，更喜欢在地面上捕食。马岛缟狸有相对稳定的伴侣，它们会利用肛门腺的分泌物做标记，共同守卫一片广阔的领地。雌性马岛缟狸一胎只产下一只幼崽，幼崽出生时睁着眼睛，两三天后就能行走并跟随母亲外出。

成年马岛缟狸几乎没有天敌，而其幼崽可能成为蛇和鸟类的捕食对象。如今马岛缟狸的威胁是被人为引入岛上的狗，以及人类，当地居民把马岛缟狸作为野味猎杀。除

第244~245页图：一只马岛獴（*Cryptoprocta ferox*）在基林迪森林自然保护区休息。摄于马达加斯加岛。

左图：两只大宽尾獴（*Galidictis grandidieri*）在夜间发生争斗。摄于马达加斯加岛西南部，马哈法利高原西部边缘，齐马南佩楚察国家公园。

上图：一只食蚁狸（*Eupleres goudoii*）试图从地里抽出一条蚯蚓。

此之外，马岛缟狸还要与家猫和小灵猫（*Viverricula indica*）竞争资源。小灵猫是与马岛缟狸非常相似的物种，原产于东南亚地区。

上述诸多因素，加上森林栖息地的急剧缩减，使得该物种十分脆弱，个体数量不断减少。

小灵猫也是环尾獴（*Galidia elegans*）的竞争者。环尾獴的数量在短短十年内减少了20%。这一物种体重约900克，体形小巧，身材纤细，昼伏夜出，主要在地面上活动。它是优秀的攀爬者，夜间在树洞里休息。这种小型肉食动物的特点是其通体红色的被毛和带有黑色圆环的大尾巴，它们是出色的猎手，不过在必要时也用果实果腹。

在捕食行为上，同一家族内有一些更小的物种，几乎完全以无脊椎动物为食，很少捕食脊椎动物，如蜥蜴或啮齿动物。

大宽尾獴（*Galidictis grandidieri*）尤其喜食马达加斯加发声蟑螂（豚鼻蠊）和蝎子。

食蚁狸（*Eupleres goudoii*）主要捕食蚯蚓和小型无脊椎动物，它们细长的鼻子和类似食虫动物的牙齿是专门用来捕食和消化这类猎物的，为了寻找猎物，它们还会用爪子来挖开森林中的草被。

聚焦 带刺的猎物

人们通过对马岛獴粪便的分析，已经能够确定，狐猴是其主要的猎物。排在第二位的猎物是马岛猬，一种类似于豪猪的小型哺乳动物。尽管这种动物有自己的防御机制，但并不是每次都能从挑战它的棘刺的娴熟的捕食者口中逃脱。

低地纹马岛猬（*Hemicentetes semispinosus*）以小群体聚居，生活在雨林里，身上装备着防御武器。它的身上布满棘刺，贯穿整个身体的黄色带状花纹，既是对捕食者的警告，也是觅食时的伪装。它的颈背上有一个由刺组成的"王冠"，当它感觉到威胁时，会将头上下移动来攻击敌人。此外，低地纹马岛猬拥有一个由7～16根较硬的刺组成的发声器官，排列在背部中间。当这些刺的尖端相互摩擦时，会产生一种高频的声音，这将作为警报，向其他低地纹马岛猬预警可能存在的危险。

遗憾的是，这种防御并不总是有效的，尽管身上有刺，低地纹马岛猬仍会被马岛獴捕食，它也是马岛缟狸和环尾獴的猎物。

左图：一只低地纹马岛猬（*Hemicentetes semispinosus*）。摄于马达加斯加岛。

蜥蜴王国

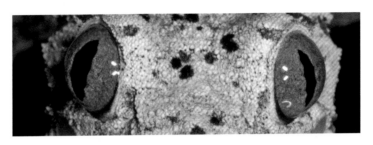

马达加斯加岛令人惊叹的生物多样性也体现在爬行动物中。岛上各异的生态环境孕育了大约400种爬行动物，其中90%都是马达加斯加岛所特有的，其他地方难觅其踪迹，除非是经过人工驯养的。

蛇类

如果说蛇是最能代表爬行动物的物种，那么它们在马达加斯加岛的存在相当与众不同，几乎所有邻近非洲大陆的主要蛇类，如曼巴蛇、眼镜蛇或蟒，在马达加斯加岛都十分罕见。在这里，生活着懒滕属和马岛蚺属两类蛇，这两个类群都是当地特有的。更令人难以置信的是，它们的近亲都远在南美大陆。这进一步证明了马达加斯加岛复杂的地质历史和演化轨迹，以及它所承载的独特的生命形态。

除了这些缢杀者之外，这里还生活着其他几种不同的蛇，尽管有毒，但并不会对人类造成威胁。夜蛇属（*Ithycyphus*）就是其中一类，它们在马达加斯加被

称为"fandrefiala"，是当地人最害怕的一类蛇，这并不是因为怕被它们咬伤，而是因为人们相信它们能够催眠那些盯着它们深邃的黑眼睛的人。

在马达加斯加岛的落叶丛林和雨林里，很可能会遇到一种颇为怪异的蛇，那就是马岛懒蛇（*Langaha madagascariensis*）。它们也被称为叶鼻蛇，因为这类蛇鼻尖有肉瘤，这一结构的功能尚不完全清楚。要想观察到它，只需在树丛间搜寻一番，就有可能在离地几米高的树枝上发现它们的踪影。

变色龙

马达加斯加岛最著名的爬行动物莫过于变色龙，岛上变色龙的种类几乎占据了全世界变色龙种类的一半。

变色龙的名字来自于其变色的能力。然而，不同于许多人的理解，变色龙这样做并不是随意为之，也不是试图进行伪装，而往往是为了传递信息，以表达恐惧或是攻击的意图。另外，它们的颜色往往与周围的环境，如光线或温度有关。变色龙对同类有很强的领地意识和攻击性，在对峙中可能会呈现出鲜艳的色彩。马达加斯加岛的变色龙的颜色从棕色到绿色不等，一些变色龙甚至能变换出多种不同的颜色。想要区分不同的变色龙物种，更便捷的方式是观察其大小和头部形状，头上的肉瘤也有不

■ 第250~251页图：两条躲在树枝间的雌性马岛懒蛇（*Langaha madagascariensis*）。摄于马达加斯加西北部，巴利湾国家公园。

■ 上图：乌氏叉角避役（*Furcifer oustaleti*）的特写。

■ 右上：迷你枯叶变色龙（*Brookesia micra*）是世界上最小的爬行动物之一。摄于马达加斯加北部，诺西贝。

■ 右下：一只豹纹叉角避役（*Furcifer pardalis*）正用它长而黏的舌头捕食一只昆虫。摄于马达加斯加岛，安达西贝·曼塔迪亚国家公园。

记事本

伸出舌头！

变色龙几乎都是食虫动物中的机会主义者，它们会一动不动地等待猎物的到来，一旦发现昆虫经过，它们就会迅速伸出舌头，用舌尖的黏性分泌物黏住猎物。这样的捕猎方式要归功于变色龙口腔和咽喉的特殊结构，舌头极快的弹射是由其特殊的弹性结构控制的。变色龙将舌头缠绕在舌骨上，突然松开，击中猎物后迅速回缩，将猎物送入口中。这是爬行动物世界里已知最快的动作。

同的类型。豹纹叉角避役（*Furcifer pardalis*）仅能在头部的枕骨处看到非常不起眼的肉瘤；短角枕叶避役（*Calumma parsonii*）和小叉角避役（*Furcifer minor*）的特点是鼻部有两处非常显眼的肉瘤，前者为圆形，后者为尖形；帕氏枕叶避役（*Calumma brevicorne*）枕部藏着硕大的皮肤褶皱，当受到干扰时，褶皱会被撑开，以示威胁。

最大的和最小的变色龙

马达加斯加岛既是最大的变色龙的家园，又是最小的变色龙的庇护所。最大的变色龙指的是乌氏叉角避役（*Furcifer oustaleti*），这是一种树栖变色龙，长约70厘米。在马达加斯加岛的任何地方几乎都能遇到它，甚至在村庄里也能找到它的足迹。最小的变色龙是2012年发现的迷你枯叶变色龙（*Brookesia micra*），它只分布于诺西哈

记事本

自由的攀岩者

壁虎凭借其轻巧的身姿，能够轻松攀爬于树干和树枝之间，寻觅食物和栖身之所。而且，它们攀爬陡峭表面的绝技也超乎寻常。人们通常认为壁虎的脚趾如变色龙的舌头一般有黏性，或如章鱼的触手般长满了吸盘，然而事实并非如此。要探索壁虎攀爬的奥秘，必须借助物理定律，即分子引力，也叫范德华力。壁虎的脚趾上布满薄片状结构，每个薄片由上万根刚毛（毛状结构）组成，而每根刚毛上又有上千根铲状绒毛。这种结构使得刚毛与物体间的距离非常近，从而产生分子引力，使其脚趾能够吸附在各种表面上。壁虎脚趾的刚毛越贴合表面，范德华力的合力就越大；而要停止作用力，只需轻轻倾斜脚掌，使范德华力失效。

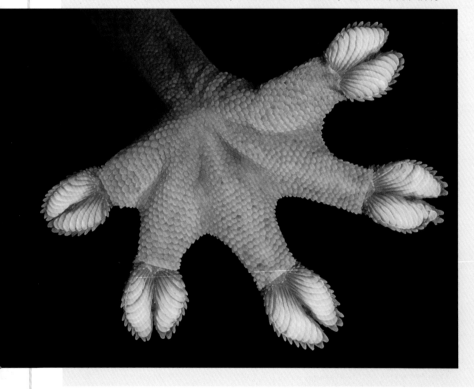

■ 上图：从下往上看线纹平尾虎（*Uroplatus lineatus*）的脚趾，可以清晰得看见这类生物强大的粘附能力依靠的片状结构。

■ 右图：南部平尾虎（*Uroplatus sikorae*）张着嘴以示威胁。

拉岛。这种变色龙成年后体长不足3厘米，因此成为该属中最小的物种。与它体形更大的表亲不同，迷你枯叶变色龙白天穿梭于地面的枯叶中，寻觅着小昆虫，夜幕降临，则爬到低矮的树枝上休息。

守宫

守宫也许是马达加斯加岛第二大最著名的爬行动物类群，之所以如此，是因为它们作为宠物备受追捧，这或许是因为它们艳丽的颜色，又或许是因为它们出色的伪装能力。马达加斯加岛上有大约100种守宫，其中多达95种是特有种。马达加斯加岛守宫可以分为两大类：白天行动的守宫，如日行守宫，其中一些因其鲜绿底色上的橙蓝斑点而很容易辨认；夜行守宫则包括平尾虎。

守宫是伪装王者。事实上，其中一些物种，如南部平尾虎（*Uroplatus sikorae*）或梦幻平尾虎（*Uroplatus phantasticus*）能够以精湛的伪装能力融入植被中。前者能够完美拟态树枝的颜色和不规则的形状，后者看起来则像一片枯叶，这得益于其身体的颜色和红褐色条纹，以及扁平的锯齿状尾巴。

和许多其他的蜥蜴一样，守宫如果受到威胁，会自行截断尾巴以脱身，但在马达加斯加岛的守宫里，有一类已经发展出了与众不同的能力，那就是大鳞鳞虎（*Geckolepis megalepis*）。为了不成为其他动物的猎物，它会褪掉鳞片来分散捕食者的注意力，从而为自己争取逃跑时间。经过短短几周的时间，它们的鳞片便会重新长出。

守宫通常以昆虫为食，但它们也不排斥果实和花蜜。它们在花丛之间穿梭，成为传粉的使者。

美丽的羽翼

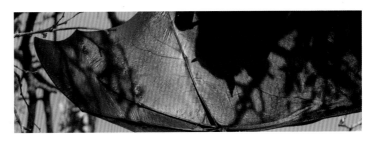

在马达加斯加岛上，狐猴从一个树枝灵巧地跳到另一个树枝；马岛獴，在林间优雅地移动；而有的动物则借助翅膀肆意翱翔，俯瞰这座红色的岛屿。

马达加斯加的鸟类

狐猴是马达加斯加岛独特而奇妙的动物的象征，当然，这片土地的独特性不仅局限于陆地，也延伸至天空。事实上，马达加斯加岛有不到300种鸟类，其中超过100种是特有物种。这些鸟类的喙或直，或呈钩状；羽毛的颜色从蓝色、红色到七彩颜色；从只有几克重的小型食鱼鸟，到栖息在湖泊和河流中的侏绿鱼狗，抑或是生活在或潮湿或干燥的森林中的凤头林鹛不一而足，它们捕食昆虫、蜘蛛，以及诸如蛙类、爬行动物等小型脊椎动物。在马达加斯加岛，随处可见鸟类振翅飞翔，展示着其独特的生物多样性。无情的猛禽，如鸮和鹰，整日都在岛屿上空盘旋，以其有力的爪子和锋利的喙无声而快速地捕猎。

　　马达加斯加岛上的一些鸟类极为罕见，例如，马岛潜鸭（*Aythya innotata*）于1993年被宣布灭绝。2006年，人们在北部一个偏远地区马斯特萨博里马纳湖附近，发现了一个由大约20只马岛潜鸭组成的小群，这一发现令世人瞩目。于是，一场和物种灭绝的赛跑随之开启。马达加斯加岛的湿地是这种鸟类的自然栖息地，如今已经被污染退化。马斯特萨博里马纳湖作为为数不多的湿地之一，因水温过低且过深，不适合这个物种生存。人们通过从野外采集一些蛋进行人工孵化和饲养的方式，使这一物种得以存续。人们还利用特殊的漂浮鸟笼，将它们"安置"在更适宜生存的索菲亚湖，从而保证其能够适应新的野外生活。

　　如果说马岛潜鸭因其稀有性而名声显赫，其他的鸟类则争相炫耀色彩艳丽的羽毛。蓝马岛鹃（*Coua caerulea*）就像画家手绘而成的，蓝色的羽毛，奇幻的松石绿色眼睛，

记事本

鱼鹰的猎杀行动

Ko ko koy-koy-koy……这是马达加斯加海雕（*Haliaeetus voci-feroides*）的叫声。海雕是马达加斯加岛上最大的猛禽，雄鸟的翼展可达180厘米，整个西海岸都有其栖息地，包括红树林、河口、湖泊及河流。

就像它的名字所示的那样，这种鹰是可怕的捕鱼者，它们栖息在树上，俯视下方水面，一旦发现猎物，便会俯冲而下，用其强劲有力的爪子从水面下抓住猎物。

马达加斯加海雕被认定为极度濒危物种，其数量正在减少，这是由于当地渔民将其视为有害的鸟类。除此之外，它们身体的某些部分，如喙和爪子，在传统风俗中被当作某些药物的成分。

以及可以变换成紫色的尾巴美轮美奂。雄性红织雀（*Foudia mada-gascariensis*）似乎也落入了画家的调色盘中，它的羽毛是鲜艳的红色，眼睛周围则是黑色的。

▨ 第256～257页图：一只蓝马岛鹃（*Coua caerulea*）驻足在树枝上。摄于马达加斯加岛，马罗杰伊国家公园。

▨ 左图：一群雄性和雌性红织雀（*Foudia madagascariensis*）。

▨ 上图：一只马达加斯加海雕（*Haliaeetus vociferoides*）爪子上抓着一条鱼满载而归。摄于马达加斯加岛安卡拉凡兹卡国家公园。

马达加斯加的蝙蝠

蝙蝠在动物界独树一帜，它们是唯一能像鸟类一样飞翔的哺乳动物。然而，马达加斯加岛的蝙蝠却鲜为人知。人类在保护狐猴和其他物种方面做出了相当大的努力，但却并未对岛上的蝙蝠提供同等程度的保护，尽管它们为岛屿的生态发挥了很大的作用。从20世纪90年代中期开始，才正式启动了针对这些令人好奇的哺乳动物的研究及保护计划。在此过程中，我们发现了许多新物种，其中不乏地方性特有的珍稀生物。

马达加斯加狐蝠（*Pteropus rufus*）是岛上最大的蝙蝠，体长约25厘米，重约750克，雄性狐蝠的翼展可以超过1米。

这些哺乳动物生活在由成百上千只狐蝠组成的种群中，白天它们栖息在树上。马达加斯加狐蝠是非常敏感的动物，如果在休息时受到干扰，整个种群可能会转移到另一个栖息地。最大的种群之一被发现于贝伦蒂自然保护区。群体规模因季节而异，雨季（12月至3月）有600只个体，旱季（8月至10月）可超过1800只。

在繁殖季节，马达加斯加狐蝠会用有气味的分泌物来标记它们的领地。它们会在树枝上摩擦下巴和脖子，并在领地上空巡逻，勒令其他雄性蝙蝠远离自己的领地。马达加斯加狐蝠的交配是十分惊险的，雌雄狐蝠会以倒挂的姿势完成交配，雄性狐蝠从后面缠绕雌性狐蝠的翅膀并抓紧脖子。经过4～5个月的妊娠期，雌性狐蝠分娩一只幼崽，很少有双胞胎出现。幼崽的体重达到成年狐蝠体重的50%时，就可以独立行动了，但仍会留在出生的种群之中。

马达加斯加狐蝠主要以果实为食。狐蝠会用上颚挤压果肉来榨取果汁，然后将种子和榨干的果渣吐出。它们有时还会吃树叶、花粉，偶尔也会捕食小昆虫。

与大多数蝙蝠不同，马达加斯加狐蝠并不利用回声定位作为交流和捕食的方式，而是主要依靠嗅觉来识别食物和同伴。飞行时它们依靠视觉来导航——狐蝠的眼睛很大且位于正面，丰富的视杆细胞令其在光线不好的情况下也能拥有良好的视觉。

▶ 持 续 下 降 中

如今，马达加斯加狐蝠的数量约为30万。由于当地居民的猎杀，马达加斯加狐蝠的数量正在持续下降，当地居民将狐蝠作为食物或是进行交易。尽管捕杀狐蝠受到管制，只允许在5月至8月间进行，但在某些地区，由于森林被砍伐，马达加斯加狐蝠的栖息地和觅食地遭到破坏，它们的生存仍面临着巨大的挑战。

右图：一对马达加斯加狐蝠（*Pteropus rufus*）倒立着休息。摄于马达加斯加岛，贝伦蒂自然保护区。

独特而美妙的岛屿

现在，我们将踏上一段奇妙之旅，去发现一些独特的岛屿，探索拥有旖旎风光的自然天堂。然而，在这些地方，人与自然之间的共存关系愈发复杂，有时人类必须退一步，承认自己的错误，制定新的保护政策来保护大自然的珍宝。这些宝藏是全人类的珍贵遗产，而在未来，我们的子孙后代或许会面临着失去它们的风险。

首先，让我们一同启程，穿越大洋洲的蔚蓝海域，探索那些构成新西兰和新几内亚的岛屿群。这两个截然不同的大地有一个共同点，那就是都靠近澳大利亚，因此它们与澳大利亚有一些共同的自然特征。同时，还有位于印度尼西亚的科莫多岛，那里是科莫多巨蜥的家园。

这三个世界上独特的岛屿令人们惊异于大自然创造的奇迹，在这些地方还可以遇见独一无二、与众不同的生物。

左图：月亮俯瞰着大教堂湾，这是新西兰北岛最美丽的海滩之一。

新西兰岛

新西兰岛由北岛和南岛两个主要岛屿组成，中间是库克海峡以及众多较小的岛屿。

山脉贯穿两个主要岛屿，平原、山谷、河流、湖泊和瀑布点缀其间，形成了一个郁郁葱葱的童话般的世界。

为了保护这一自然遗产，新西兰已经建立了许多国家公园和自然保护区，并制定了严格的法规，试图向来自世界各地的游客们传达已经在新西兰人心中根深蒂固的生态意识。

几维鸟

在新西兰生活着一种特殊的鸟类，奇异果便是借用了它们的名字。它们不擅飞行，它们的蛋的重量是母亲的重量的四分之一。这就是新西兰的国鸟几维鸟，又叫奇异鸟。

几维鸟喜雨林环境，它们利用十分敏锐的听觉和嗅觉在雨林间探索。如今它们也已经适应了其他类

记事本

入侵物种帚尾袋貂

新西兰没有地方性哺乳动物，现有的哺乳动物都是被人为引入的。图中的主角就是一个例子。这是一只帚尾袋貂幼崽，一种夜行有袋动物，拥有可爱的面孔，而新西兰人非常讨厌它！

帚尾袋貂在19世纪由澳大利亚定居者引入，意图利用它的毛皮，而这种有袋动物却成为了入侵物种，特别是威胁到了当地鸟类的生存。几维鸟就是最严重的受害者之一。袋貂会吞食几维鸟的卵，甚至攻击几维鸟雏鸟和成年几维鸟。

帚尾袋貂在新西兰没有天敌，因而不受控制地繁殖，迄今为止，其数量已达到百万量级，对整个新西兰的生态系统构成了威胁，这便是当地人讨厌它的原因。帚尾袋貂已被世界自然保护联盟（IUCN）列入100个危险性最高的外来入侵物种名单。

直到现在，对抗帚尾袋貂的战争仍然在继续，当地人会对帚尾袋貂进行捕杀、毒杀以及其他任何可以帮助新西兰岛摆脱这些"入侵者"的手段。

上图，帚尾袋貂（*Trichosurus vulpecula*）是一种人为引入新西兰境内的袋貂，目前已经成为了一个入侵物种。摄于新西兰，黄金湾。

型的森林或更开放的环境，只要气候温暖潮湿即可。

由于不擅飞行，几维鸟的胸部肌肉相比于腿和爪子并不发达。它们的爪子十分结实，末端有四趾。得益于这种构造，它们在地面上移动灵活，也十分擅长游泳。

几维鸟的翅膀只有几厘米长，隐藏在羽毛下，且没有尾羽。它们的羽毛看起来类似于被毛。几维鸟的眼睛在正前方，很小且视力差。

几维鸟最突出的特点是它们的喙，几维鸟的喙约20厘米长，略微向下弯曲，十分灵活。它们的鼻孔处于喙的顶端，便于更好地寻觅小猎物，喙的基部有长长的"胡须"，具有触觉。

这种鸟类的叫声并不动听，甚至称得上尖锐刺耳。

几乎所有可入口的无脊椎动物都在几维鸟的食谱中，但它们更偏爱蚯蚓。如有需要，它们也不拒绝以果实、小鱼和两栖动物果腹。

几维鸟是典型的夜行性动物，具有领地意识。它们在地下挖出的洞穴长达数米，入口隐藏在植被中，洞穴的尽头是宽敞的空间。一对几维鸟配对成功会结成稳定的伴侣（长达20年），雌性几维鸟比雄性体形略大，通常每季产一枚卵。

几维鸟的卵大得令人难以置信，它们的卵是鸟类中相对于雌鸟的体形比例最大的。孵化时间一般为30天，在此期间雌鸟摄入的食物量是平常的三倍。最后几天，雌鸟必须禁食，因为巨大的卵压迫着胃部，使它无法进食。几维鸟属于无翼鸟属（*Apteryx*），该属及其亚属分布在新西兰的各个地区。

第264～265页图：一只成年雌性大斑几维鸟（*Apteryx haastii*）在奥托罗杭格奇异鸟园和当地鸟类公园的地面上探索。摄于新西兰，怀卡托。

上图：两只新西兰秧鸡（*Gallirallus australis*）在沿海沼泽中觅食。摄于新西兰，南岛，黄金湾。

如今，几维鸟被列入濒危物种，很大一部分原因是袋貂的威胁。自从袋貂被人类引入岛上后，它们便成了几维鸟最具威胁的天敌。从2000年开始，当地已经划定了部分"神圣保护区"，并对几维鸟卵开展了一系列监控及救助工作，以保护这些对新西兰来说非常重要且特殊的鸟类。

新西兰秧鸡、啄羊鹦鹉和鸮鹦鹉

新西兰的地方性动物物种并不多见，其中较为突出的是鸟类。

新西兰秧鸡（*Gallirallus australis*）是一种十分古怪的鸟类，毛利人将其称为威卡（weka）。它们的羽毛呈现出深浅不一的棕色，其颜色取决于亚种的种类。它们的喙粗壮，呈红色，可用于防御或攻击。它们的翅膀已经退化，尾巴始终竖立着。从当地人的介绍中可知，新西兰秧鸡栖息在各类环境中，从岩岸到沙丘，从高山草原到森林，甚至会靠近人类居住区寻找食物，人们把它们形容成好奇而闪耀的小生命。

作为一种杂食性鸟类，新西兰秧鸡的食物包括草、树叶、浆果、种子、昆虫、其他小型无脊椎动物，也包括幼鼠和雏鸟。它们的巢置于草丛中，周围的植被提供了遮蔽，里面最多能够安放4枚粉色带斑点的鸟蛋。孵化出的雏鸟在充分发育之前由父母双方照料。

新西兰秧鸡被列为易危物种，

它们会受到哺乳动物的捕食、生存资源竞争、疾病、寄生虫、干旱等多重威胁，还会被当作引诱其他动物的饵料。

啄羊鹦鹉（Nestor notabilis）是一种讨喜的半夜行性鹦鹉，栖息在新西兰的山区。它有个绰号叫"山地小丑"，因为它们的某些行为似乎只是为了消遣，例如，用喙撕开汽车轮胎，或是迎合观众的喜好进行滑稽的跳跃。

啄羊鹦鹉喜欢待在地上而非树上，它们的背部与翅膀下方有红色羽毛，嵌在一片橄榄绿中，颜色鲜明而极具辨识度，在飞行中清晰可辨。许多鸟类学家认为它们是世界上最具智慧和勇气的鹦鹉，其智力和四岁的孩子不相上下。

这些鹦鹉并不惧怕人类，它们经常以一种滑稽的方式跟着人类蹦跳，而且它们似乎能够理解"感恩"的概念，如果有人给它们送礼物，像是种子或水果，它们往往会用从地上衔来的另一样东西或是自己的羽毛作为回报。它们还能完成一些逻辑小游戏，并且乐在其中。

为了抵御山区的低温，啄羊鹦鹉需要通过进食积累脂肪。除了以树叶、嫩枝和昆虫为食，它们还会攻击其他鸟类的巢穴，掠夺鸟蛋和雏鸟，或是食用腐肉。

如今，啄羊鹦鹉是受保护的脆弱物种，但在20世纪后半期，它们由于侵扰牲畜曾遭到牲畜饲养主无情的猎杀。

鸮鹦鹉（Strigops habroptila）是一种夜行性食草鹦鹉，体形较大，羽毛呈黄绿色。独特的饼状脸让它看上去有点像猫头鹰，它们面部的羽毛类似触须，可用于探测地面。它们的喙大而粗壮，呈浅灰色。

鸮鹦鹉是世界上最大的鹦鹉，体长达60厘米，体重超过2千克，也是唯一一种不会飞的鹦鹉。在地面上移动导致它的尾羽常常被磨损。鸮鹦鹉是娴熟的攀爬者，能够轻易爬到树的顶部。

鸮鹦鹉的翅膀很短，它们的胸部肌肉并不发达，也没有龙骨突这一飞禽的普遍特征。此外，它们的羽翼非常柔软，在落地时能起到保持平衡与缓冲的作用。

鸮鹦鹉是一种很聒噪的鸟类，常常发出尖锐刺耳的叫声。不可思议的是，它们能够通过释放信息素散发出强烈的霉味，使自己能被同伴发现，不幸的是，这也可能引来捕食者。这些动物无惧与人类互动，但奇怪的是，它们在群体内部却相当不和睦，争吵和争斗时有发生。

鸮鹦鹉在地面上或树洞里筑巢，刚孵化的雏鸟身上覆盖着蓬松的灰色羽绒，雌鹦鹉会独自照顾雏鸟6个月，雄鹦鹉则不参与育雏。

遗憾的是，鸮鹦鹉如今已濒临灭绝。

喙头蜥

新西兰是世界上为数不多的没有蛇的地区之一，但它却是其他一些爬行动物的家园，其中有一种爬行动物因其独特性脱颖而出，那就是喙头蜥（*Sphenodon punctatus*）。它是喙头蜥科最后的幸存物种。

喙头蜥最独特的特征是有"第三只眼"，不过这个说法不甚准确，实际上，所谓的"第三只眼"并不是一只真正的眼睛，而是位于头部的一个器官，能够在夜间感知光线。

喙头蜥长约60厘米，重约550克，呈现出从绿色到暗红色等不同的颜色。与蜥蜴一样，它们在遇到危险时，会自行舍弃尾巴，之后会再长出新尾巴，并且新尾巴会有颜色上的变化。这种动物白天躲在岩石缝隙中的洞穴里。它们经常与䴕共处一个洞穴，䴕负责建造洞穴，喙头蜥负责保持洞穴的清洁，吞食进入洞穴的昆虫。到了晚上，这种爬行动物就会从洞穴中出来捕食猎物，它们的猎物主要是蠕虫、蜗牛、昆虫、虫卵、小鱼和螃蟹。

喙头蜥用舌头来捕捉小猎物，并直接将其囫囵吞下；而较大、较硬的猎物则先用牙齿咬碎。它的上颚有两排牙齿，下颚的单排牙齿嵌入其中，构造非常特殊。

在繁殖季节，雄性喙头蜥之间会一较高下，首先是象征性示威作为警告，进而是真正的战斗。交配后，雌性喙头蜥将卵产在挖好的洞中，温暖的洞穴利于雄性发育，温度较低的洞穴则适合雌性发育。喙头蜥幼体拥有所谓的"卵齿"，也就是头上的一个突起，这能帮助它们破壳而出。喙头蜥是非常长寿的动物，其寿命可超过100岁。

正如我们已经了解到的其他物种一样，喙头蜥也难以抵挡哺乳动物入侵岛屿的威胁，正处于灭绝的边缘。幸运的是，如今各项保护计划的开展和保护区的设立使得这个物种得以存续。

新几内亚岛

新几内亚岛面积超过786000平方千米，是大洋洲最大的岛屿，其面积仅次于格陵兰岛。

新几内亚岛蕴含着巨大的生物多样性，岛上的大多数物种都是本土物种，据研究人员估算，其本土物种数以万计，其中包括尚待发现的植物、昆虫和鸟类。

守护祖先灵魂的岛屿

新几内亚岛地处太平洋，位于东南亚最远处。

欧洲人在公元1500年左右发现了这座岛屿，但或许是因为交通不便，当时的殖民国家并没有加以重视。直到公元1800年，荷兰人占领了西部地区，德国人占领了东北部地区，并将该地区命名为"威廉姆大帝之地"，英国人则在东南部地区定居。20世纪初，英国的殖民地被割让给了澳大利亚。

第二次世界大战期间，这座岛屿曾成为战场，其中部分领土被日本控制。战争结束后，这些领土被日本重新占据，不过据流传，有一

些日本士兵留在了岛上，在丛林中继续独自作战多年。

如今，在经历了各种变故之后，这座岛屿被正式划分为东部的独立国家巴布亚新几内亚和印度尼西亚的巴布亚与西巴布亚两省。

岛上的大部分地区被热带植被覆盖，遗憾的是，这些植被近年来因人类过度砍伐而濒临消失。地势方面，岛上分布着连绵起伏的山脉，其中包括一些活火山。高耸的山峰、深邃的峡谷、陡峭的悬崖与壮丽的瀑布构成了新几内亚岛壮美的风景。

在这片位于亚洲和澳大利亚之间的土地上，一些地区还生活着土著部落，时间在那里仿佛静止了。有些森林人们尚无法接近，至今仍未开发。

从植物学的角度讲，新几内亚岛与亚洲更为相似；而另一方面，岛上的动物与澳大利亚的动物有明显的相似之处，似乎是澳大利亚生态的延伸。这两片土地被托雷斯海峡分隔，在海底形成一道界限。

这个郁郁葱葱的岛屿和周围的水域是地球上大约8%的脊椎动物的家园。

岛上鸟类丰富多样，有些物种格外有趣，拿鹤鸵来说，它是一种不会飞的大型鸟类；而极乐鸟以其美丽的羽毛和优美的舞姿而著称。

就哺乳动物而言，除了人类引入的物种，人们发现了有袋动物，如蜜袋鼯和丛林袋鼠，以及单孔目动物，如针鼹。

在无脊椎动物中，最著名的群体之一是鳞翅目动物，目前已经发现了大约735个物种，包括著名的亚历山大鸟翼凤蝶（*Ornithoptera alexandrae*），它的翼展约为30厘米，是世界上已知最大的鳞翅目动物。

新几内亚岛独特而迷人，它仍然保留着祖先野性的灵魂，希望它能长久地守护下去。

蜜袋鼯

蜜袋鼯（*Petaurus breviceps*）又名飞鼠，新几内亚森林是它们的家园。不过，后一个名称是不准确的，因为飞鼠是松鼠科（*Sciuridi*）的啮齿动物，而蜜袋鼯是一种小型有袋动物。它与飞鼠的相似之处在于，它的身体侧面位于前肢和后肢之间有一层皮膜，这使它能够进行短距离的滑翔。

蜜袋鼯的被毛较短，一般呈灰色，腹部则较浅，呈米黄色。又粗又长的尾巴以及一道从尾巴经过背部一直延伸到鼻子的条纹比其他部位颜色更深。还有两条深色条纹分别在脸颊两侧延伸开来。

蜜袋鼯的头部呈三角形，眼睛黑亮黑亮的，又圆又大，这种特征与它的夜行性有关。它的耳朵很小，竖直且无毛。

算上尾巴，蜜袋鼯全长约30厘米，尾巴占了几乎一半。它的尾巴具有相当丰富的功能，在"飞行"时可用作舵；在攀爬时用于保持平衡，以便更好地在树枝上自如行动，毕竟它们大部分时间都是在树上度过的。更重要的是，它的尾巴可以作为一个附带的抓手，例如将食物或树叶带回洞穴中。

雄性蜜袋鼯在头部有一快小的无毛区域，对应额头皮脂腺处。雌性的特点则是其腹部有育儿袋，用于抚育幼崽。

蜜袋鼯有在夜间或黄昏活动的习性，而在白天，它们更喜欢待在树洞里，这些树洞在树干的凹陷处，内部用树叶铺垫。蜜袋鼯名字的由来是因为它们喜食树液、花朵和花蜜，不过它们也会捕食昆虫，以补充动物蛋白。

记事本

滑翔的蜜袋鼯

下图是一只蜜袋鼯，正在进行华丽的空中特技表演。

蜜袋鼯的滑翔通常从一棵树的树枝上开始。它会充分利用和目的地之间的高度与气流，仔细观察周围环境，精确计算距离，牵拉肌肉……而后便是一个优雅的跳跃。一旦"飞"起来，蜜袋鼯便会舒展四肢，最大限度地展开它与生俱来的"降落伞"，也就是皮膜，同时尽可能将身体扁平，呈现出更符合空气动力学的姿态。

通过优雅地移动四肢和那如同船舵般控制方向的长尾巴，蜜袋鼯不断调整着滑翔的轨迹和速度，以确保准确无误地抵达目的地——即使这个目的地距离它超过40米。

▨ 上图：一只蜜袋鼯（*Petaurus breviceps*）正在进行夜间空中特技表演。

▨ 第270～271页图：在鸟头湾水域中发现的一只鲸鲨。摄于印度尼西亚，西巴布亚省。

▨ 左图：多贝拉伊半岛上的青凤蝶属（*Graphium*）和斑粉蝶属（*Delias*）蝴蝶。摄于印度尼西亚，西巴布亚省。

上图：一只蜜袋鼯(*Petaurus breviceps*)。摄于巴布亚新几内亚，火山口山。

▶ 阿马乌童蛙

它体长7.7毫米，是目前世界上最小的蛙类，也是世界上最小的脊椎动物！阿马乌童蛙（*Paedophryne amauensis*）是巴布亚新几内亚特有的一种蛙，在2012年1月才被发现。该物种以其发现地附近的村庄阿马乌命名。这种两栖动物以小型无脊椎动物为食，如螨虫和跳虫。它们在黄昏时分捕食，以大幅度跳跃的方式（距离可达其体长的30倍）在热带雨林湿润的落叶间移动。阿马乌童蛙和大部分蛙类不同，其生命周期并不经历蝌蚪阶段，一出生就是已经发育的"迷你"个体。由于体形小巧，阿马乌童蛙极难被发现，但可以通过其蟋蟀般高亢的叫声加以辨别。

蜜袋鼯是社会性动物，它们生活在群体中，由一只占主导地位的雄性蜜袋鼯领导，群体内最多包括七只成年蜜袋鼯和各自的幼崽。这些群体具有领地意识，会与邻近的群体进行竞争。它们的交流系统主要基于有气味的化学信号：雄性蜜袋鼯除了具有上述的额腺外，还有胸腺和泌尿生殖腺，而雌性则具有有袋动物的气味腺和泌尿生殖腺。因此，每个个体都有自己特有的气味，但占主导地位的雄性会用自己的腺体分泌物来标记群体中的成员，使得它们身上和领地内具有相同的可识别的气味。

蜜袋鼯能发出从低沉到尖锐的多种不同的声音，声音会随着不同的应用场景发生变化，如社交、召唤同伴以及危险警告等。

雌性蜜袋鼯孕期大约持续16天，一次产下1～2只幼崽，极少情况下产3只幼崽。

刚出生的幼崽很小，只有花生般大小，重量小于0.2克。它们会爬入育儿袋中，依附在母亲的乳头上约40天的时间。

大约70天大的时候，小蜜袋鼯便能离开舒适的育儿袋，紧紧抱着它们的母亲从巢穴中出来。大约4个月大的时候，它们便有足够的能力独立生活。

蜜袋鼯并不仅仅生活在新几内亚岛，也广泛分布在邻近的岛屿上，如澳大利亚北部。人类还将其引入塔斯马尼亚岛。

上图：一只雌性红腿丛林袋鼠（*Thylogale stigmatica*）和它的幼崽的温柔影像。

丛林袋鼠

与大袋鼠和沙袋鼠类似，丛林袋鼠属于袋鼠科，它与一般的有袋动物最主要的区别在于体形较小。另一个显著特征是它的尾巴，这种动物的尾巴较短，而且有点"秃"，尤其是与覆盖着厚厚的毛发的身体其他部位相比。

丛林袋鼠属（*Thylogale*）不仅广泛分布于新几内亚，还分布于邻近的岛屿（如褐丛林袋鼠也生活在俾斯麦群岛，黑丛林袋鼠同时分布于阿鲁群岛），红腿丛林袋鼠也生活在澳大利亚。值得一提的是，新几内亚是一些地方性物种的家园，如卡氏丛林袋鼠（*Thylogale calabyi*），也被称为高山袋鼠，以及山地丛林袋鼠（*Thylogale la-natus*），主要生活在海拔3000至3800米之间的山地。

丛林袋鼠的名字来自于badimaliyan这个词的错误发音，澳大利亚达鲁克原住民用这个词来指代这种动物。这种袋鼠主要栖息在雨林中，习惯独居，不过有时也会成群结队觅食。这种小型有袋动物也出现在沼泽地区，它们会在植被中挖出一条路，由于体形较小，尾巴较短，它们可以在其中轻松自如地移动。

它们是非常害羞的动物，通常在清晨或黄昏时分外出觅食，一旦察觉到危险，就会躲起来。如若发现了捕食者，它们会用脚猛烈敲击地面，发出响亮的声音。

丛林袋鼠是食草动物，喜欢吃树叶、草和嫩芽。雄性丛林袋鼠生活在没有雌性的群体中，它们与雌性见面只是为了交配。而"年长群体"则是雌雄混合，由一名雄性领导。

丛林袋鼠的妊娠期为30天，与其他袋鼠科动物一样，幼崽一出生就进入母亲的育儿袋中，并在那里度过生命的最初6个月。

这些动物的最大威胁来自于森林砍伐导致的栖息地减少，人类为获取有价值的皮毛和肉而进行大肆捕猎，另外，新的捕食者被人类引入了它们栖息地。在上述物种中，公认最濒临灭绝的是卡氏丛林袋鼠。对此，新几内亚正在努力保护仅存的种群，为它们建立专属保护区。

聚焦 集体求爱仪式

新几内亚岛也被称作极乐鸟之岛。拥有这个绰号绝非偶然，因为大多数华丽的雀形目鸟类都是新几内亚雨林的特有物种。

雄性新几内亚极乐鸟（*Paradisea raggiana*）会进行经典的求爱仪式。它们首先清理求偶场的树叶，发出阵阵叫声后，接着便开始跳舞。它们的舞蹈动作包括连续的跳动和鞠躬，并始终保持翅膀张开。它们将尾羽高高竖起，尽数展示着自己的风采，这对于从一众雄性竞争者中脱颖而出至关重要的。这是一种以公共区域为舞台的求偶仪式，在这里，雄鸟们纷纷展示着自己的风姿。如果雌性感到满意，便开始与之交配。之后雌性会离开，独自筑巢、孵卵并照顾雏鸟，而雄性则重新开始起舞，开启下一轮表演，这场表演必须继续下去！

与其他总是单独展示风姿的极乐鸟不同，雄性新几内亚极乐鸟会进行集体求爱仪式。两个或多个雄性之间展开竞争，发出嘶哑的叫声，打开多色的羽毛，鲜艳的色彩在穿透树叶的阳光下光彩夺目。

左图：一只雄性新几内亚极乐鸟（*Paradisea raggiana*）在一只雌性面前展示风姿。摄于巴布亚新几内亚。

科莫多岛

科莫多岛是一个属于巽他群岛的小岛，自1980年以来一直是科莫多国家公园的一部分，该公园的建立主要是为了保护传奇的巨蜥。1991年，科莫多国家公园被宣布列为世界遗产。

科莫多巨蜥

科莫多岛非常美丽，足以在世界新七大自然奇观的名单中占据一席之地。这片390平方千米的土地曾经被雨林覆盖，如今则长满了棕榈树和茂密的灌木丛，长达158千米的海滩环绕着岛屿。

在这里，沙滩有时会呈现出精致的粉红色，这是因为沙子里含有有孔虫的钙质遗骸，它们是原生单细胞动物王国的微小生物体。

科莫多岛周围的海洋也生机盎然，这使得该水域成为了备受潜水者推崇之地，在这里能遇见巨大的鳐鱼、蝠鲼、翻车鲀、鲸鲨，以及海马、尖海龙和其他海洋生物多样性的代表。

这座岛屿的名字与它的标志性动物密不可分，那就是一种叫做科莫多巨蜥的巨型爬行动物。传闻，

■ 第278~279页图：从海上远眺科莫多岛。摄于印度尼西亚。

■ 上图：一只正在靠近的科莫多巨蜥。摄于印度尼西亚科莫多国家公园。

■ 右图：一只约出生四天的科莫多巨蜥幼崽，静静地趴在树枝上。摄于印度尼西亚科莫多岛。

科莫多巨蜥是岛上最危险的生物，也是最濒危的物种。

科莫多巨蜥是已知现存的最大的蜥蜴，其体形确实令人震撼：体长超过2米，体重约为70千克。

它的外观保留着史前时代的特征，令人望而生畏，强壮的身躯十分具有攻击性，腿部健硕敦实，爪子强劲有力，这些特征在过去的几个世纪中引发了许多关于这种爬行动物的传说。这种非同寻常的体形可能是其适应岛屿环境孤立演化的结果，因为科莫多巨蜥是岛上的主要食肉动物。

最新的研究表明，科莫多巨蜥来源于印度尼西亚和澳大利亚之间一个广泛分布的种群，海平面下降使其最终抵达了科莫多岛，之后的活动范围便一直局限在这里。尽管它的名字和名声都和科莫多岛有着密不可分的联系，实际上科莫多巨蜥也分布在邻近的岛屿上，例如弗洛勒斯岛和林卡岛。

然而，不要被科莫多巨蜥的外表所欺骗，它们能够快速而灵活地移动，特别是在捕猎时。它们的移动速度一般很慢，大约在每小时5千米左右，但它们也可以在短时间内快速冲刺，速度高达每小时20千米。它们强壮的四肢可以支撑腹部离开地面，从而无阻碍地前进。

科莫多巨蜥是一个真正的冒险家，在它的猎物中，除了无脊椎动物和鸟类，还有一些体形和它相当甚至大过自己的动物，如鹿、野猪和水牛，它们也不排斥吃人类！

科莫多巨蜥会对人类构成威胁吗？答案是肯定的，最好和它们保持距离！有时，科莫多巨蜥为了寻找食物而接近人类的村庄，曾经出现过它们攻击人类的事件。当地民间流传着许多关于巨蜥吞噬人类和家畜的故事，夹杂着传说和想象，但都是有真实原型的。

科莫多巨蜥的捕猎技术极佳。它们善于埋伏，耐心等待并伪装自己，然后闪电般地突击。它们往往成群结队，咬住猎物的腿，将其制服在地。为了接近猎物，科莫多巨蜥能够用后腿站立，用尾巴做支撑。它们咬合力惊人，锋利的锯齿状牙齿能够迅速将猎物撕碎，猎物一旦倒地，将无可能逃生。

科莫多巨蜥的秘密武器藏在唾液中，它们的唾液中含有大量的细菌，可以在咬伤动物时使其伤口感染。因此，在第一次攻击不奏效的情况下，它也只需紧跟着猎物，等待着猎物死于致命的感染。

科莫多巨蜥通常独来独往，可能会在捕猎或享用猎物时聚集在一起，这时领头的雄性可以优先享用美餐。

雄性科莫多巨蜥之间的争斗并不罕见，特别是在繁殖季节。它们会面对面，用后腿站起身，保持直立的姿势，试图将对手击倒。它们之间没有感染彼此唾液的风险，即使被咬伤，它们也对自己同样拥有的唾液免疫。

尽管这种爬行动物十分庞大，

▶ 幼崽的艰难生活

科莫多巨蜥通常在5月至8月交配，9月产卵，大约一次产20枚卵。它们经常将家猪舍弃的地洞作为巢穴，而且它们并不会孵卵，而是把卵埋起来，利用大地的热量进行孵化。幼蜥孵化通常发生在来年4月，那时候它们赖以为食的昆虫数量较多。幼蜥非常脆弱，它们一出生便立即爬到树上躲起来，在那里度过三岁之前的大部分时间。如此一来，它们不仅可以避免天敌的袭击，还可以避免同物种成年蜥蜴的攻击——这种情况并不少见。在靠近动物残骸进食时，巨蜥幼崽会在自己的粪便中打滚，以在身上留下气味，让有可能攻击它们的成年巨蜥望而却步。幼崽的死亡率相当高，不过一旦进入成年阶段，便可以活到30岁以上。

但它们正濒临灭绝，如今现存的科莫多巨蜥仅有几千只。虽然对它们的猎杀已被明令禁止，但是，它们的栖息地正在被人类持续破坏，潜在的猎物越来越少，能够繁殖的雌性数量也很少，因此科莫多巨蜥被世界自然保护联盟列入了濒危物种红色名录。

1980年3月6日，科莫多国家公园成立，以保护这种具有独特特征的生物以及其他能够丰富该岛生物多样性的物种。

近年来，当地政府曾考虑将科莫多国家公园关闭一段时间。而在2019年10月，有消息称，当地政府将征收一项新的高昂税款，以减少大众来岛上旅游，给大自然留出更多的恢复时间。

然而，这其实是个艰难的规定，因为旅游业是当地岛民十分重要、不可缺少的收入来源。

聚焦 有毒的舌头

科莫多巨蜥没有敏锐的视觉和听觉，所以它们和其他爬行动物一样，依靠的是犁鼻器，一个存在于上腭的嗅觉辅助器。它通过分叉的黄色舌头收集空气中的分子，能够感知到5千米外的气味：这就是它发现潜在猎物，或是垂死动物的方法，更为普遍的是借此发现动物残骸。

科莫多巨蜥最让人惊奇的是它的唾液，其中含有50多种不同的细菌。覆盖牙齿的牙龈组织周围是这些细菌的最佳繁殖地，科莫多巨蜥在进食时，这些组织不断撕裂，用血液"污染"其唾液。细菌会进入位于下颌的毒腺分泌的毒液中，让被其咬伤的动物无药可救。

这是一种致命的抗凝血类毒液，能够让猎物的血液无法凝固，导致猎物体温过低。此外，这种毒液还具有高度传染性。如此一来，它的猎物没有任何生还的可能。

究竟是什么给了猎物的致命一击，是严重的咬伤、毒液的毒性还是受唾液的感染，这一切目前仍在研究之中。另一个仍待解释的问题是，它们如何对自己的唾液产生免疫力，这可能会为新的抗生素药物的研究开辟道路。

▨ 左图：科莫多巨蜥用它分叉的舌头探索着周围的环境。摄于科莫多国家公园。

▨ 第284～285页图：俯瞰位于科莫多岛和林卡岛之间的美丽的帕达尔岛海湾。摄于太平洋，印度尼西亚。

4 / 常年冰封
的王国

北极与南极

寒冷的白昼，漆黑的长夜，构成了我们星球上最不宜居的环境——两极。南极和北极，是冰天雪地的代名词，但即使在这样的极限之地，也有生命绽放。实际上，许多生物已经适应了两极环境下的极端条件。这里的大部分时间温度极低，气候相对温和的时间极为短暂，动物们则随着季节更替，调整自己的生息规律。

"北极"的意大利语Artico源于小熊星座的希腊语Arktos，这是一个面向北方天空就能看到的星座。构成北极大地的并非土地，而是固态的水。位于地球最北端的北冰洋终年冰封，地球北端的陆地围成环状，将北冰洋圈在其中。在纬度较低，冰层与海浪相接的地方，冰层会裂成大块浮冰漂浮在海面，被或宽或窄的海水分割开来，这些浮冰统称为浮冰群。而那些还未融化的整块浮冰，就是众所周知的冰山。

将地球翻转，另一端的南极则与北极恰恰相反，那是一片如假包换的大陆，有山脉和火山，不过在火山山顶才能看见密布的岩石。这是因为南极大陆98%以上都覆盖着一层平均厚度达1600米的冰盖，在一些内陆区域，冰盖厚度甚至达到4500米。

因为地理位置特殊，两极的季候变化也绝无仅有，这里的"白昼"和"黑夜"都与我们所理解的日与夜大相径庭。

春季到夏季，从北极圈到北极点的区域里，白昼日渐拉长，直至长达24小时，此时可以看见"午夜的太阳"。在秋冬季来临之前，太阳永不落到地平线下，可一旦秋冬降临，陷入黑暗的时间就开始逐渐拉长，甚至有一段日子完全不见天日。在南极的南极点也是如此，只不过季节与北极相反。

北极点外圈陆地的气温会随着季节变化而起伏，这也对北极的气候有一定影响，使得北极气候相对南极而言稍许温和。

南极的面积超过1400万平方千米，几乎是澳洲的两倍。南极大陆是地球上最寒冷的地方，冬季，南极的最低气温能跌至零下70摄氏度，夏季相对温和，最低气温在零下35摄氏度。气象锋面里带着湿气的云层无法进入南极内陆，致使其内陆气候极其干旱，全年几乎没有降水，即使有也基本是降雪，而且降雪最多的年份里，总量也不超过5厘米。因此，南极大陆的内陆是地球上最干旱的沙漠，比撒哈拉沙漠还要干旱，还要广袤。相比之下，它的海岸线和延伸向南美洲的半岛就温暖多了，特别是在夏季，气温能超过0摄氏度。

不容忽视的是，南极也是世界上风最大的区域，冬季刺骨的寒风从高原上呼啸而下，吹到海岸边时，风速接近300千米每小时。

冰上生活

　　两极漫长的极夜和极低的气温，使它们成为了陆地高等植物的禁区，但生活在这里的动物们百无禁忌。或者说，正是为了占领这里，适应环境，它们演化出了令人惊叹的适应性，尤其是御寒能力。

　　有的动物完全靠体内脂肪来抵御严寒，防止热量流失，它们就是海豹和鲸——最能抵御也最能适应这种极端环境的动物。独角鲸、白鲸、塞鲸这些海洋哺乳动物完全没有毛发，而是靠厚厚一层皮下脂肪（厚度几厘米不等）像绝缘板一样隔绝体内外的温度交换。

　　而其他生活在海水以外的动物，比如格陵兰海豹的幼崽和北极熊，则依靠自己温暖的白色"皮草大衣"来御寒，这样的颜色也并非偶然，除了起到保护色的作用，它们并非白色而是透明的毛发还能让阳光直接透过，在皮肤表面形成小规模的"温室效应"，将热量始终留在皮肤上。

　　极地动物面临的最大问题是如何度过漫长的冬季。有的动物，如企鹅和其他鸟类，在黑暗和严寒初降时就开始动身，从极地出发向南或向北迁徙。随着冬季的来临，南极和北极逐渐变得"兽迹罕至"，但并非所有动物都会离开，比如帝企鹅，就会整群留下来对抗南极冬季的严寒，威德尔海豹则躲到浮冰下，用凸出的门牙在冰面上凿出用于呼吸的小孔，以度过南极冬季的地冻

天寒。

　　鲸的迁徙，会在夏季受到食物的召唤，如期而至。但少数鲸类，如独角鲸和白鲸，则长居于此。

　　对北极狐等陆地动物而言，褪去夏季的皮毛，换上冬季更加厚实保暖的皮毛必不可少。

　　此外，冬季少有机会进食，为了挨过这漫长的几个月，留在极地

的动物必须在夏季贮存尽可能多的能量，最有效的方法就是长出并储存大量脂肪。如前文提到的，脂肪也有保温的作用。

　　一些极地冷血动物只生活在海洋里，从不上岸，它们主要依靠身体结构来适应环境，如海蜘蛛身体上覆盖的黏液富含盐分，密度一般大于它生存的海水，可以降低水

的凝固点，避免海水结冰。

　　而一些鱼类，比如南极鱼的血液里，有一种防冻的成分，是真正的天然"防冻剂"。

第286～287页图：北极狐在辽阔的雪地里寻找猎物。图中这只北极狐正处在换毛期，皮毛从夏季的灰色换成冬季的白色。摄于挪威 Dovrefjell–Sunndalsfjella国家公园。

第288～289页图：帝企鹅幼崽围在一起紧贴着彼此取暖。

第290页图：秋季，一头未成年的北极熊行走在日益冻结的冰面上。摄于阿拉斯加，布鲁克斯山脉，北极国家野生动物保护区。

上图：浮冰群上的髯海豹。摄于挪威斯瓦尔巴群岛，斯匹次卑尔根岛。

极地食物链

与两极陆地不同，在极地冰冷的海水里，生物之多样超乎想象。海底有丰富的底栖生物，如珊瑚、苔藓虫、海绵和海葵，它们又成为了海胆、海星和一些甲壳类动物的庇护所。极地的海洋动物和生活在温暖海域的同类相比，生长周期更缓慢，寿命也更长。而且，生活在极地的无脊椎动物，多有极化巨大症现象——它们的体形，能达到温暖海域中同类的两倍。

正因极地海洋生物如此多样，资源丰富、养分充足的海洋成为了此处食物链的起点。其中，各种微藻形成浮游群落，是生物圈最为基础的养分。

在南北两极的冬季，海水由于缺少盐分而结冰，从而形成了大片海冰，拓宽了北冰洋和南极大陆多年冰的边界。

季节更替会影响浮游生物群落的状态。温暖的季节到来时，随着光照增强，无论北极还是南极的浮游生物均有增长。此时的光照与极夜时相比显著增强，因此可以穿透冰面，使之变薄、边界回退，并且融化掉数千米长的冰层，让严寒季节冰封的海面重见阳光。

食物链第一环——浮游生物的增加牵动着其后一连串的食物链条：磷虾、鱼类、海豹、鲸、企鹅等，迎来了大快朵颐的季节。

左图：几头食蟹海豹正在滤食磷虾。它们的牙齿结构非常特别，能在嘴部闭合时有效充当筛子滤出海水，留下磷虾。

上图：5~6厘米长的南极磷虾，组成了南极磷虾群。

第296~297页图：一群海鹦站在积雪的山脊上。摄于挪威Hornøya岛。

第298~299页图：北极熊为了寻找海豹，从一块浮冰游到另一块浮冰上。摄于挪威斯瓦尔巴群岛。

在北极，海洋食物链顶端由北极熊占据，它们的主要食物是海豹。而在南极，虎鲸和鲨鱼才是最强大的掠食者。

一切围绕磷虾

磷虾是极地食物链里最重要的组成部分，在南极，它是种极为普遍的食物，生活在那里的所有物种，从露脊鲸到海豹再到企鹅，都或直接或间接靠它维生。南极的所有动物都适用于"三重磷虾定律"，即它们要么是磷虾，要么吃磷虾，要么以吃磷虾的生物为食。显而易见，极地生态系统高度依赖单一物种，致使这一生态系统极为脆弱。

至于磷虾本身，则以外海非常充足的浮游生物为食。

到了冬天，平时在深海的磷虾也来到海面，捕食浮冰群背面形成的浮游生物群。这看起来似乎不合常理，但其实越是寒冷的冬天，对大多数动物而言越有益，因为寒冬的浮冰更多、面积更大，也就能聚集更多的浮游生物，养活更多的磷虾，磷虾便转换为所有动物直接或间接的食物。

在气温偏高的年份，浮冰群规模缩小时，磷虾数量下降，就会对当地生态系统中的食物链造成消极影响。

舞动的极光

北极圈和副极地地区，时而会奉上震撼人心的奇景：漆黑的夜里，奇幻的光照亮夜空，留下人们屏息失魂。一道道色彩缤纷的光带，在北极称作"北极光"，在南极称作"南极光"。

极光可表现为多种形态，有的像天边散射光线的云彩，有的如流星，如拱门，如射线，或是如同五彩斑斓的旋转木马上飞起的帷幔。这种奇妙的光学现象发生在地球大气层的电离层。其实，来自太阳的带电粒子（即"太阳风暴"）一直源源不断地抵达地球，一般会在地球磁场的影响下转向。但在两极地区，地球的磁场比其他地区弱得多，于是有些粒子得以穿过大气层外层，到达距地表100至160千米处的电离层。在那里，粒子与高层大气中的原子碰撞产生光能，遥望天空，就像舞动的彩色光带。

极光的颜色由构成大气的具体气体决定，比如地表之上约100千米的氧气分子与带电粒子碰撞后，产生的是最易散射的颜色，即浅绿色；而更高处的气体则会产生红色调等颜色。

生物多样性

如果对比南北两极的动物群，就会发现它们的共同特征都是能适应低温环境。但两极也生活着差异很大的物种，如北极的北极熊和南极的企鹅。

北极熊又名白熊，是陆地上现存最大的食肉动物，也可以视作天寒地冻的北极的代名词。它们能在浮冰群上毫无障碍地行走，在寻找自己最喜爱的猎物（海豹）时，能完成长距离的移动。北极熊还善于游泳，能游到距离岸边几百千米的地方。

同样，企鹅算得上南极的象征。南极的企鹅主要有两种：帝企鹅和阿德利企鹅。企鹅是鸟类里最为特殊的一类，因为它们主要生活在海里，只有在必要的繁殖期，它们才会放弃海洋，踏上陆地。

南北两极都栖息着海豹：北极的海豹种类比南极更丰富多样，但南极有豹海豹，它是海豹中唯一会捕食温血动物，如其他海豹或企鹅的物种。在两极海岸海水稍浅处，都聚集着许多生命：海底的沉积物中有甲壳动物、海绵和软体动物，

它们以浮游生物的遗骸，以及各种沉积到海底的有机物为食；与此同时还有海星，以其他无脊椎动物为食。这些底栖生物上层的生物群，由各种鱼类、贝类和水母组成。除了海豹、海象和须鲸以这些生物为食外，它们也是其他鱼类的主要食物。

南北两极冰冷的海水里都有丰富的鱼类，所以这里也就不乏专门捕食鱼类的海鸟。南极除了是企鹅的王国外，也是信天翁、海燕和南极鹱等鸟类的天堂。

而在北极，有燕鸥、海鹦、海鸥和鹱等一系列经历了漫长的演化历程，但没有丧失飞行能力的鸟类。如海鸦和海鹦，它们都有着和企鹅一样黑白相间的、用于保暖的羽毛，常常聚在一起形成热闹的群体，但它们并没有放弃飞翔的能力，这可能是因为它们仍需要应对北极狐、北极狼、北极熊等陆地捕食动物，而在地球另一端生活的企鹅，则不存在这种威胁。

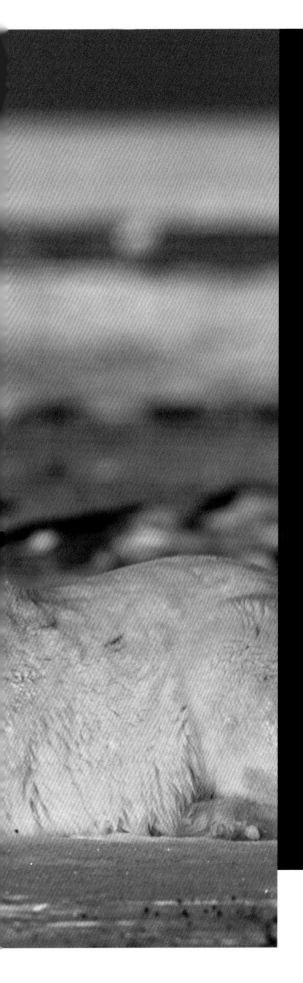

冰上生活

　　美洲大陆、欧洲大陆和亚洲大陆的支脉环绕着北冰洋，这种特殊的地理构造让许多陆地哺乳动物逐渐适应了冰上生活。

　　有两种动物借助冰雪，到达了没有任何其他陆地哺乳动物胆敢涉足的北极点，它们就是北极熊和北极狐。为了在北极这种极端环境下存活，它们必须做出同样极端的改变。有些改变显而易见，比如它们的皮毛变成了白色，使它们得以完美地隐藏在雪地里；另一些改变肉眼不可见，更为复杂，涉及骨骼和生理方面。演化结果改变了这些动物的特性，比起在温暖环境下，它们变得更适宜0摄氏度以下的极低气温。夏季消融的海冰在冬季得以冰封，连接起大陆和极地大片浮冰群，使得北极熊和北极狐能随着季节变化往返南北之间。

左图：一只北极狐小心翼翼地靠近庞大的北极熊，试图吃点北极熊的残渣剩饭。

北极熊

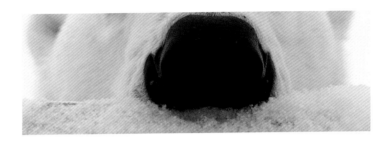

北极熊代表着陆地与海洋的连接。因为它们的居所始终随着季节更替而不断变化。

北极熊（*Ursus maritimus*）是世界上最大的熊类，也是北极广袤而孤寂的冰雪世界的象征。直到一个世纪之前，才有勇敢的探险者发现这里。

北极熊摇摇晃晃地在一块块浮冰上缓慢穿行。它们宽大的脚掌像雪鞋一样，能够和冰面充分接触，以分散北极熊的体重，防止它们陷入雪地里，或是踩碎自己行走的冰面。北极熊在行进中耐力了得，一天要走数十千米，鲜少有躺在雪地里休息的时刻。北极熊的行走速度一般为5~6千米每小时，雌性北极熊带着幼崽时，速度会减半。平时，北极熊喜欢缓慢地行走，但实际上它们奔跑的速度能达到40千米每小时，与奔驰的骏马速度相当。显而易见，高速的奔跑要耗费很大力气，因为奔跑会增加能

■ 第302~303页图：北极熊可能在争抢猎物时或交配季节发生争斗。
■ 上图：两头未成年的北极熊在浮冰附近轻松地游泳。摄于阿拉斯加伯纳德岬角。
■ 右图：尽管北极熊体形庞大，却非常敏捷，宽大的脚掌使它们能在雪地里奔跑而不陷入雪中。

量和氧气消耗，还会使体温显著上升，导致身体过热，所以它们只有在万不得已时才会选择奔跑。比起其他熊类，北极熊的水性格外好，它们能潜到水下，并且潜泳相当长距离。北极熊的拉丁名 *Ursus maritimus*，意思就是"海里的熊"。它们用宽大的前脚掌当桨划水，后脚掌向后翻转当舵控制方向，能不停歇地游一百多千米。它们厚逾10厘米的皮下脂肪也功不可没，除了抵抗寒冷，还能增加北极熊在水里的浮力。曾有人数次在远海观测到

北极熊，说明它们能游到离岸边300多千米的地方。

大过灰熊，皮毛似雪

北极熊的体形足以让人望而生畏，它们坚实的脚掌支撑着庞大的身躯，脚掌末端武装着有力的利爪。北极熊平均肩高1.5米，当成年雄性前掌离地直立起来时，高度可达3米；北极熊体长2~2.5米不等，这一长度包含了它们仅仅有10厘米出头的短尾巴。

北极熊的体重也不容小觑。

成年雄性北极熊的体重能达到500千克，但也有极端案例，根据北极熊国际协会（PBI）的数据，有记录的最大北极熊重达1000千克！成年雌性北极熊体形较之雄性则小得多，体重不到雄性的一半。但这一数值总体上会随季节浮动，尤其是雌性的体重在春季到夏末的时间里能增长一倍。

由于需要适应低温，北极熊的全部身体特征都只为一个目的而演化，那就是最大程度降低热量流失。比起其他熊类，北极熊的头

占全身比重更小，有着长长的脖子和吻部。熊的耳朵是最易暴露在严寒下的部位，所以北极熊的耳朵较小，覆盖着浓密的毛发。

北极熊基本以肉食为主，高度发达的犬齿和锋利的白齿便是它们选择成为肉食动物的结果。

除了鼻子以外，北极熊全身都被浓密的毛发覆盖，包括和雪地接触的脚掌底部。这双"靴子"不仅保暖，还能降低它们在雪地上打滑的可能性。北极熊脚掌粗糙的肉垫也可以增加脚掌和冰面的摩擦力，防止摔倒。

北极熊的毛是防水的，不会被水浸湿；厚厚的表皮和皮下脂肪是它们在雪地冰天里生存的基本保障，起到隔绝温度交换的作用。它们身体上的毛长达10厘米，四肢上的毛则更长。

最爱吃肉的熊

北极熊基本只吃肉，是肉食性的捕食动物，海豹是它们主要的食物来源，特别是环斑海豹、髯海豹和竖琴海豹。北极熊能从30千米外的冰面之上嗅到冰下海豹的气味，北极熊的嗅觉非常灵敏，相比之下，因为它们生活的北极世界寂静无声，色彩单一，它们的视觉和听觉就退化得没有那么敏锐了。

据测算，北极熊行走时消耗的能量是它们休息时的13倍，这从一定程度上也可以解释它们捕猎时为什么偏好伏击。它们常常耐心等待许久，直到有海豹靠近海冰上的呼吸孔，便用锋利的爪子抓住猎物，将它拖出水面。然而，并非所有耐心的等待都能得到回报，它们捕猎的成功率似乎很低，只有2%的出击能收获战果。北极熊灵敏的嗅觉还让它们能分辨出藏在严实的雪地下一米深处猎物的气味。这种情况下，北极熊会利用自身的体重，以前掌用力击打冰面，直到把海豹藏身之处的顶部击垮，抓获躲在里面毫无防备的海豹。这一方法能抓到的一般是些毫无生存经验的海豹幼崽，它们躲在这里等待海豹妈妈从海里捕鱼归来，在落单时极为脆弱。

上图：这一组图片中，北极熊运用了一种特殊技巧来捕捉海上冰层里的海豹。它举起前爪，把整个身体的重量都压到前爪上向下砸去，击碎冰面，抓获猎物。

北极熊的另一种捕猎技巧，则是悄无声息地接近猎物，趁其不备迅猛出击将其抓住。只有极少数情况下，北极熊才会下海直接追逐海豹，它们很难在与这些游泳健将的较量中占得上风。

如果食物资源充足，北极熊就只吃掉海豹的皮和脂肪，剩余的都留给北极狐。这顿海豹大餐富含热量，能帮它们积累脂肪储备，对北极熊的健康和保温必不可少。生物学家研究表示，北极熊每天需要约2千克的脂肪，这一分量大约等同于55千克的海豹肉。北极熊所累积的充足的脂肪，用于在新陈代谢过程中提供能量，就像骆驼在驼峰里贮存的脂肪一样，它与氧气结合会

▶ 特别的被毛

北极熊看起来通体雪白，让它们得以在冰雪王国里完美地隐匿自己，但这仅仅是表象。实际上，它们的毛不含色素，是透明无色的，我们看见的白色，只是光线穿过毛造成的折射效果。北极熊的毛也可能偏黄色，有时还会更深，呈褐色或灰色，随着季节和光线的变化而改变。说来奇怪，北极熊的皮肤却是黑色的，这样可以吸收阳光的热量，保持自身的体温。

释放二氧化碳，以及更多的体液。通过这种方式，北极熊就能随时补充水分了。不过，这一方法在最寒冷的季节就毫无必要了。直接吃雪比等着能量循环要明智得多，因为后者有导致体温降低的风险。

食谱内脂肪含量过高，是许多哺乳动物的死因。为了防止积累的脂肪在血液循环中引发心血管疾病，北极熊的DNA里有一段基因，其编码中含有一种特殊的蛋白质，这一基因能直接通过卸去脂肪细胞，将脂肪从血液里剔除。

北极熊是机会主义者，如果捕猎海豹失败，它们就会转而去吃别的食物，具体而言，只要它们能找得到，从其他动物吃剩的残渣，到人类产生的垃圾，它们都来者不拒。北极熊也会捕捉啮齿动物和鸟类等小型动物，尤其是在它们筑巢时。北极熊体形笨重，却能为了靠近鸟巢而爬到陡峰高处，吞食雏鸟和鸟蛋。

北极熊和其他大型哺乳动物狭路相逢的场景并不多见。比如雄壮威风的海象，偶尔也会成为北极熊的猎物。但它们的长牙太过危险，所以除非已经饥肠辘辘，否则北极熊断然不会冒险挑衅它们。

据观测，有些北极熊也捕捉白鲸和独角鲸等中型鲸类。它们蜷缩在浮冰边缘，等待鲸冒出水面换气。这类情况主要发生在冬季，这

左图：一头雌性北极熊及其18个月大的幼崽游完泳上岸后走远，它们浓密的下层毛是防水的，可以防止水接触皮肤。

上图：一头刚从洞穴里出来的雌性北极熊正在抖落背上的雪。

时的鲸类常在日渐冰冻的冰板间游动。

尽管北极熊是所有熊类里肉食性最强的，但实在没肉可吃时，它们也在夏季食用浆果、树根、海草等植物。

冰上独居者

北极熊是孤僻的动物，它们每天要么在行走，要么坐在冰上，等待海豹从冰上的窟窿里冒出来呼吸。它们一般没有固定的洞穴，如果遭遇北极的家常便饭——暴风雪，它们就只能蜷缩在雪里抵御寒风，直到暴风雪停下。风雪过去后，北极熊便重新起身，抖落身上的雪，继续未完的路程。

北极熊与其他熊类不同，只有怀孕的母熊才会进入深度冬眠，其余北极熊都照常捕猎。气候实在恶劣时，它们可能会在雪地里为自己凿出一个临时庇护所。

繁衍后代与幼崽生活

春天来临，到了北极熊繁殖的季节。此时的成年雄性北极熊便不再是独行动物，而是顺着气味寻找可能距离极远的雌性北极熊的踪迹。有时雌性北极熊追求者众多，雄性之间可能会发生暴力冲突，但大部分时候不必流血，雄性北极熊就能征服雌性，与之成为二十天左右的伴侣。体形极大的雄性北极熊在一个交配季节中可能与多头雌性交配，陪每头雌性北极熊各度过几周。

交配季节一过，雄性北极熊就离开雌性，摇身变回孤独的单身汉。北极熊的受精卵会延迟着床，也就是说，尽管交配发生在春季，但胚胎直到秋季才会开始发育。

受孕后，雌性北极熊便开始大快朵颐，让体重增长到原来的两倍。到了深秋，它们会在冰面上凿洞，或干脆在雪地里挖一个庇护所，用来抵挡刺骨的寒风，作为一个相对温暖的"育幼所"，在里面安心诞下幼崽。

雌性北极熊要在洞穴里度过约4个月的深度冬眠期，这期间，为了节省能量，它们的新陈代谢会放缓，体温也会降低。此后，它们在深冬生产。

一般而言，一头雌性北极熊会诞下两只幼崽，但也不乏独生子和三胞胎的情况。小熊崽出生时才500克重，不过，它们长得很快。刚出生的小熊崽什么都看不见，

左图：幼熊第一次从它出生的洞穴里走出，母熊温柔地保护着它。摄于于阿拉斯加，北极国家野生动物保护区。

上图：最上方为两头3岁的未成年北极熊模拟打斗来玩耍；中图，北极熊被弓头鲸的骸骨吸引；下图：一头未成年的北极熊在冰上打滚。

易危物种

北极熊是保护动物，在世界自然保护联盟（IUCN）濒危物种红色名录中被列为易危。在海冰逐渐消融的影响下，北极熊数量持续下降。现存自然环境中的北极熊仅有2~2.5万头，其中60%分布在加拿大。对北极熊未来的估测不容乐观。据预测，在未来45到50年，北极熊繁衍的三代之内，它们的数量会减少30%。

对因纽特人而言，北极熊是他们的生存资源，因此，他们每年能在额定范围内，合法猎杀北极熊。因纽特猎人有尊重北极熊灵魂的传统，在过去，他们会将北极熊的皮毛挂在冰屋里最受崇敬的位置。因纽特人称北极熊为Nanuk，认为它们是智慧而强大的生灵。萨米人（或拉普兰人）拒绝直呼北极熊的名字，因为他们担心会冒犯它，在指北极熊时，他们会使用"披着毛皮斗篷的老者"这一称呼。

无法自理，一切完全依靠母亲，母亲温暖它们，照料它们，用富有营养、脂肪含量高达36%的乳汁喂养它们。到了春天，幼崽长到10千克重，已经足够健壮，可以开启探索世界的第一步了。在两年左右的时间里，幼崽都将跟着母亲生活。母亲为它们提供营养和庇护，如果遇见成年雄性北极熊，母亲不惜拼上性命也要保护它们。幼崽从母亲身上学习捕猎技能和生活技巧。在如此危机四伏的环境里，任何一种技能都可能决定生死。满2岁后，幼熊就要离开母亲，开始独自流浪的生活，约在5到6岁时达到性成熟。

北极熊幼崽的存活率很低，仅有三分之一能活到两岁。而成年北

▨ 上图：两头雌性北极熊和它们已经长得相当大的四只幼崽。摄于于阿拉斯加，北极国家野生动物保护区。

极熊生存率有所提高，能活15到25岁。

▎分布状况

北极熊生活在围绕着北极圈的所有国家、所有大陆最北端的地区，偶尔到达其他地区，最远能到北纬55度的地中海。不过，它们的活动范围是有限的，主要集中在一年中大部分时间覆盖着海冰的区域。如前文所述，北极冬天的气温一般在零下34摄氏度左右，最低达到零下69摄氏度。这时，海水的温度也很低，仅仅有零下2摄氏度，这一温度恰好是海冰形成的凝固点。

北极狐

它们有狐狸共有的小巧，优雅，狡黠，它们耐力极强，可以抵御北极的严寒。北极狐，是真正的雪中女王。

白狐，即北极狐，学名*Vulpes lagopus*，是北极的代表生物。

为了适应北极的严寒，它们演化出了许多特征：浓密的皮毛、与赤狐相比小而圆的耳朵，还有短小的吻部。这些特征让它们暴露在空气中的皮肤面积达到最小，以减少宝贵热量的流失。

北极狐体形较小，体长刚刚达到60厘米，再加上一条约30厘米长的尾巴，肩高约40厘米，体重最多

可达5千克。

北极狐的毛可能是所有哺乳动物里最保暖的，这是它们最为显著的特点。它们冬季的毛又浓密又柔软，覆盖全身，连爪子也不落下。毛发将爪子和冰面隔开，也能防止它们陷进雪里。

当世界银装素裹，被白茫茫的冰雪覆盖时，北极狐穿着它的"隐身衣"，就能在雪地里消失得无影无踪。

▨ 第314~315页图：一只毛发为冬季状态的北极狐。摄于挪威斯瓦尔巴群岛，朗伊尔城。

▨ 上图：从毛发上看，夏季的北极狐与冬季截然不同。摄于冰岛豪斯川迪尔自然保护区。

▨ 右图：随着环境变得一片雪白，毛色也跟着变白的北极狐特写。

夏季放弃优雅

北极狐每年经历两次季节性换毛。五月左右，春季即将结束时，它们冬季的毛发开始脱落，只留下一层较短的绒毛。它们的毛色渐渐变深，变深的进程和周围环境一致，当岩石逐渐从冰雪中露出，它们的毛色也变成灰棕色。

北极狐冬季的皮毛有多优雅，夏季的就有多"邋遢"。实际上，夏季发生变化的不仅仅是毛色，而是整只北极狐都会改头换面，像是完全变成了另一种生物。

夏季的皮毛又短又粗硬，近乎黑色，让北极狐在温和季节之初消瘦的身形显露无疑。不过，夏季猎

物丰富，所以整个夏季都可以让它们充分储存营养。

九月，北极狐必须为下一个冬季做好准备，因此它们冬季的皮毛开始重新长出。

北极狐这一物种有两种不同的颜色，除了众所周知、数量众多的白狐，还有一种"蓝狐"，多沿海

左图：一只换毛期的北极狐，嘴里衔着一枚雪雁蛋。摄于俄罗斯远东地区，弗兰格尔岛。

上图：披着冬季毛发的北极狐刚刚捕杀了一只旅鼠。摄于俄罗斯远东地区，弗兰格尔岛。

岸分布。它们全年都保持着深色毛发，即使在冬天，毛发也只会变浅一点点。

北极狐幼崽在出生后的50多天内都会留在父母共同准备的洞穴里。为了保证安全，洞穴通常有不止一个入口。

幼狐刚出生时，重约50～65克，它们长得很快，仅仅4～5周就能断奶，不过断奶后依然需要父母的照看和保护。从10周大起，幼狐获得越来越多的独立空间，可以离开洞穴相当长时间。而到了8月底，它出生的庇护所就已经空置了。

断奶期幼狐的死亡率较低，约为20%～25%，但在幼狐出生后的第一个冬季，这一几率会激增至74%，因为它们还不擅长捕获猎物。因此，也常有同窝的两只北极狐合作捕食，共同度过第一个冬天的情况，且一般是两只雌性北极狐。

北极狐的平均寿命为3至4岁。不过，在斯瓦尔巴群岛，曾有一只北极狐创下了16岁寿命的惊人纪录。

分布状况

北极狐的典型分布区是北半球最北部，从北冰洋沿岸向外辐射的区域。

其实，北极周围都能觅得它们的身影，最远出现在加拿大苔原、欧洲、格陵兰地区，以及北极周围的海冰上。

在北极和白令海的许多岛屿上，也栖息着北极狐。

上一个冰期，北极狐也曾广泛分布在覆盖着北半球大部分地区的冰盖边缘，人们在欧洲中部许多地区的更新世沉积物中，都发现了

北极狐的化石，便可以作为这一说
法的佐证。

左图：一只北极狐蜷缩成一团休息，这种经典姿势可以抵御寒冷。摄于加拿大埃尔斯米尔岛。

上图和右图：北极狐幼崽深浅不一的毛色，能帮它们在雪化后的地面上完美隐藏。摄于挪威Dovrefjell-Sunndalsfjella国家公园。

▶ 现状良好

据评估，北极狐的现存状况良好，世界范围内北极狐数量达到数十万只。但因受到猎物，如旅鼠数量的影响，北极狐的数量也存在波动。

鳍足类动物

哺乳动物经历了漫长的历史，已经完全适应所有陆地环境，它们中的一部分又走上了另一条演化之路，开始了征服海洋的征程。

观察海洋哺乳动物时，会发现它们为了适应水中生活，都发展出了不同的生存技巧，做出了不同层面的演变：海獭的足部变得宽大，长出了蹼；海豹和海狮的四肢变成了鳍；鲸和海牛的整个身体结构都发生了翻天覆地的变化。

毫无疑问，我们可以说鲸类是在这场演化中走得最远的，无需深入实验，单单看见它们就能明白这点：它们的外形已是完美演化结果的绝佳证明。海牛目动物，即儒艮和海牛，也在演化中舍弃了后腿，而加上了"鱼尾"，但它们的身体还是没有露脊鲸和海豚那么像鱼。鳍足类更像是处在二者的过渡地带，因为它们可以离开海水，比如在繁殖时来到岸上；除了四肢变成鳍状外，它们还保留着与"正常"哺乳动物相似的身体形态。

尽管如此，鳍足类动物在海洋世界里发挥的作用绝非平平无奇，虽然它们的生活方式与鲸类大相径庭，其作为却足以与之媲美。

■ 左图：一群海象在海面游动。摄于挪威斯瓦尔巴群岛。

两栖哺乳动物

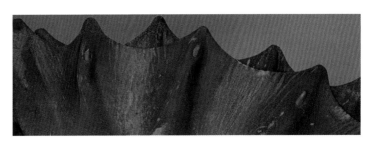

"离开了水，海豹显得笨拙呆萌，无所适从；而进入水中后，尤其是在嬉闹和捕猎时，它们的表现又引人瞩目，是技巧与美感的极致融合。"
——艾尔弗雷德·埃德蒙·布雷姆

鲸类由食草的陆地祖先演化而来，而鳍足类动物的祖先是肉食动物。只要观察海狮和海豹的头部，就能清楚得看到它们与陆地肉食动物的共同点。

除了外形方面，这些动物并未背弃它们的发源地，它们变成了水陆两栖的动物，仍然保有和陆地的关联。

所有鳍足类动物都在海岸或冰面上繁殖，幼崽从出生到哺乳期前期，也都在海水以外的环境里生活。虽说如此，但它们为了充分利用海洋里的食物资源，还是经历了陆地肉食动物所不需要的极端变化，从内外部身体构造，到多方面生理特征无一例外。

鳍足类动物分为三个科：海狮

科、海豹科和海象科，它们的代表动物都有一些共同的解剖学特征，但也有各异之处，最突出的就是海象，因为任谁都无法忽视它们威风凛凛的獠牙。

海豹和海狮经常被混淆，特别是在极地的环境中，它们常常都被误认成海豹。不过，只要知道该看哪里，区分它们就不再是件难事：海狮有一对小巧的外耳，而海豹

没有。

自然，除了耳郭外，它们还有其他外形上的区别，以鳍足的姿势最为显著。

海狮的后肢和陆地哺乳动物一样，可以前后弯曲，前肢能在海狮处于陆地上时起到支撑作用，使它们身体前部直立，这也是它们最典型的姿势。但海豹的前肢非常不发达，在陆地上几乎起不到任何作

用，在冰上就更无用武之地了，所以海豹只能靠肚皮支撑身体；海豹的后肢在陆地上也没有用处，只是向后翻转着，保持不动。

海狮和海豹在水中和陆上的动作，也能反映出它们鳍足不同的演变和不同的关节形态。海狮即使离开海水，也能相当灵巧地移动，还能用鳍足行走，尽管方式稍显笨拙；但海豹就只能"波浪式"

▨ 第324~325页图：如图可见，髯海豹有着短小的前肢和粗长的爪子。

▨ 左图：这群北海狗（*Callorhinus ursinus*）中，一头成年雄性格外显眼，它的体形比雌性配偶们大得多。摄于阿拉斯加，普里比洛夫群岛，圣保罗岛。

▨ 上图：一头雌性南极海狗（*Arctocephalus gazella*）。摄于地中海，设特兰群岛。

移动，像毛毛虫一样弯曲身体，向前蠕动。

鳍足类动物游泳的方式与鲸类差别很大。鲸类游泳时，脊柱基本为垂直运动，但鳍足类动物的脊柱也可以横向摆动。某种意义上，如此灵活的身体降低了它们前进时的推动力，但反过来也可以说，这使得它们无比敏捷，能以近似蛇形的姿态瞬时改变方向。

游泳时，海狮用前肢作桨划水，后肢基本静止不动，只起到调整方向的作用。

海豹则刚好相反，它们游泳时，前肢用来调整方向，不起到推进作用，而前进的动力由后肢提供。身体两侧的后肢大致垂直于身体，或向后打开。和鲸类的尾鳍不同的是，海豹的尾鳍可以左右活动，做出鼓掌一般的开合动作。

以这种方式游泳，海豹的水下游速高达25千米/时，但一般不超过10千米/时，这一速度也是海狮和海象能达到的最高速度。

抵御寒冷

鳍足类动物分布在所有纬度的所有海域，包括地中海之类的内海，甚至还出现在贝加尔湖、里海等内流盆地。

不过，能到达南北两极水域的，还要当属海豹。与它们共享冰上生活的还有海象——北冰洋的长期居客。

海狮有着浓密的皮毛，而海豹的毛很短，几乎起不到保温作用，海象的毛则直接退化成了一层短而稀疏的绒毛。

鳍足类动物主要依靠厚厚的一层皮下脂肪，以及一种自动调节血液循环的身体机制保持体温。当它们暴露在严寒下，还能关闭流往身体外围的血液，以减少热量流失。

尤其在两极地区，两栖的生活习性还有许多问题需要解决，比如换气、对淡水的需求，以及如何漂浮——这是一种能在游泳时省力的方法。

除了保暖，它们的皮下脂肪还有其他作用，至少解决了以下两个问题：首先，鳍足类动物以和北极熊类似的机制为身体补水；另外一个也不难猜到，那就是厚厚的脂肪层可以增加身体的浮力。

海豹幼崽出生时，拥有柔软又浓密的毛，帮它们抵御寒冷。直到它们长出了足够厚实的脂肪层，才会换成和成年海豹一样更短的毛。

半脑休眠

目前的观测已经证实，一些海狮和鲸类一样，在睡觉时有半脑休眠、另外半脑保持清醒的能力。每隔一段时间，休眠和清醒的两个大脑半球就会换班，轮流休息。这一独特的能力给了海洋哺乳动物与众不同的优势，比如在睡觉时也能和同伴联系，亦能觉察到捕食者的到来，但最重要的还是在水里睡觉时也能控制呼吸。

尽管它们也可以在陆地或冰面上睡觉，但还是更常睡在海里，所以这时，作为海洋哺乳动物，它们必须记得浮上水面换气。

在这种特殊的半梦半醒状态中，沉睡的大脑半球另一侧的眼睛是闭上的，而与之同侧的眼睛睁着。当另外半边大脑进入休眠时，双眼的状态也会交换。

许多鳍足类动物在水里睡觉时，都采用一种竖直的典型姿势，

英语称作bottling，即"瓶式悬浮"。它们把头部露出水面，或像象海豹常做的那样露出一部分（海象鼾声如雷，离很远也能听到）。

它们的呼吸平缓，没有明显的起伏，中间夹杂着几分钟不等的憋气阶段。神奇的是，据调查，其中一些鳍足类动物，即使不在水中睡觉，呼吸过程中也有时间较长的憋气，这一特点可能有利于把吸入冷空气造成的体温降低和呼出空气造

▨ 第328～329页图：一群海象在一块浮冰上休息。摄于挪威，斯瓦尔巴群岛。

▨ 左图：一头未成年的竖琴海豹。摄于加拿大，圣罗伦斯湾，马格达伦群岛。

▨ 上图：从特写中可见海象又长又密的胡须。

成的湿度流失都降到最低。

感官敏锐

由于鳍足类动物在水中极为灵活，它们可以轻松地捕捉鱼类。鱼是它们最主要的食物，仅有少数种类的鱼例外。

所有鳍足类动物都有一定的潜水能力，其中一些是货真价实的潜水冠军，有的能潜到数百米深处，象海豹作为其中的佼佼者，能潜入水下超过1000米。

海水深处光线昏暗，因此有人猜测，鳍足类动物可能拥有对猎物回声定位的能力，但这一猜想至今还没有得到证实。不过，已经证实的是它们的视力极其敏锐，即使在非常微弱的光线下也能看见猎物。

它们的嗅觉多多少少因物种而异，但在水里时都派不上用场，因为潜水时鼻孔是闭合的。嗅觉这一感官主要用于雌性辨认自己的幼崽。所有鳍足类动物都有长长的胡须，其中一些动物的胡须非常发达，是它们触觉器官的组成部分，能在未直接接触或完全黑暗无法视物的时候，用来感知和区分物体。

两极的鳍足类动物

两极附近，生活着多种的海豹，也生活着两种"巨人"：一种是分布在北极的海象，一种是生活在南极的南象海豹。▨

海象

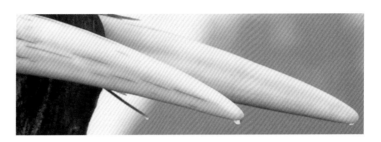

海象特点鲜明，极难混淆，任谁都能一眼认出是位有着两根长牙的巨人。它也许与美丽无缘，可得天独厚的身体条件，使它成为优秀的游泳健将。

海象因其独特的外貌而为人所熟知，而它们的生活习性远不及外表那般名声在外。从生物学角度来看，它们是一种非常值得研究的动物。

海象的拉丁名为 *Odobenus rosmarus*。这里有一个命名法里的常见陷阱需要注意：*Trichecus* 指的是海牛目的海牛属，和海象没有关系。（*Trichecus* 为海象意大利语俗名 *Tricheco* 的拉丁语写法。）

海象是最庞大的鳍足动物之一，雄性海象能达到3.6米长，重逾1500千克。雌性体形比雄性小，但仍然可观，体长最长3米，体重为600~900千克。

和身体比起来，海象的头非常小，眼睛凸出，上唇的下方密布着胡须；从嘴里冒出的两根长牙，是这一物种最鲜明的特征。海象无论雌雄都有长牙，它们的长牙其实是上犬齿，从2岁左右开始从嘴里萌出，终生都在生长，雄性海象的长牙更加结实，能长到1米长，超过5千克重。

海象的身体特征和海狮、海

第332～333页图：人们对海象的繁殖行为知之甚少，似乎雄性海象会聚集在一起，以"竞偶"的形式征服雌性。

上图：一块挤满了海象的浮冰。海象是高度群居的动物，常常形成成员众多的族群。

豹都有共同点。海象和海狮的共同点在于鳍肢的形状，不论是用来在地面上支撑身体的前肢，还是向后翻转、在陆地以及水下都能增加身体灵活度（相对它们的巨大体形而言）的后肢，都与海狮相同。

海象和海豹的共同点在于，都没有外耳郭，且皮毛没有保温作用，都只依靠脂肪保持体温。

海象的皮下脂肪厚度一般超过15厘米，血管密布。脂肪层调节体温的作用表现在，当海象暴露在严寒之中，脂肪就会挤压毛细血管，使血液从身体表面流走。海象用这种方法维持身体内部的温度恒定，从外表看起来，它们的皮肤会变成浅灰色。

而当温度升高，比如在太阳下时，毛细血管就会因血液恢复正常流动而扩张，海象也恢复为它们平时的红棕色，甚至变成一种鲜艳的红色。这一血管收缩的过程，不仅能在低温下保护它们，还能在潜水时帮它们抵挡海水的水压。

海象在水中远不像在陆地和冰面上那样笨重。它们的前鳍和海狮作用相同，后鳍则与海豹相似。海象通常游得很缓慢，时速5～6千米，但在必要情况下，它们短距离内的时速可以超过30千米。

单一的食谱

海象的觅食范围相当有限，几乎只吃生活在海底沙质沉积物中的双壳动物类。对这种食物的情有独钟，限制了它们在海里的活动范

上图：这张特写中海象头部构造清晰可辨：可以闭合起来的鼻孔，胡须和长达一米的长牙。

围。尽管海象的最高潜水记录超过400米，但它们通常的潜水深度最多不超过八九十米，也就是双壳类出没的深度。

曾经有一种猜想认为，海象会用长牙挖掘海底的沉沙，寻找猎物，但现在已经证实这种猜想并不成立。海象一到达海底，会首先以口鼻部在沙里翻找，同时用它敏锐的胡须探测贝类。找到目标后，它们就把贝壳从沙里叼出来，然后用牙齿撬开坚硬的外壳，吃完再吐出空壳。凡是海象扫荡过的海底，沉沙上都会留下数以百计被撬开或被毁坏的贝壳，作为它们"到此一游"的证据。

海象的胡须几乎覆盖了整个上唇，看起来就像嘴唇两侧的两撇八字胡。它们的胡须和相当复杂的感官相关，每根胡须另一端都连接着可以感知到物体触碰的神经末梢。多亏了这两撇"八字胡"，海象才能在仅几厘米厚的沙子里准确地找到自己的猎物。

除了双壳类作为主食，海象也吃海底的环节动物、虾和游速缓慢的鱼类。

也曾有人观测到海象捕食海鸟，甚至海豹，但这些情况都是非常罕见的个体行为。正因如此，海象也被称作海中"无赖"。

上图：一头带着幼崽的雌性海象。

右图：在这个庞大的海象群里，由于阳光照射产生的热量，许多海象因毛细血管扩张显出血红色。

繁殖活动的研究很少。雄性海象为了赢得雌性青睐，也许会在冰上展开某种较量，这一行为叫做"求偶斗争"。

雌性海象五月产崽。生产时，它们会避开族群，几天后再返回。

幼崽会得到整个族群的悉心照料。当母亲远离族群或潜水觅食时，其他雌性为了不让幼崽落单，会轮流照看它。

它们的合作行为已经非常默契，在抵挡天敌，如北极熊和虎鲸攻击时，海象也会选择族群通力合作。

在遭遇突袭的情况下，海象群内有时会发生大规模的踩踏事件。海象们惊慌失措，匆匆忙忙地逃向安全的地方，把同伴和幼崽压到身下，有时会造成灾难性的后果。

海象幼崽的哺乳期至少两年，它们直到5岁都跟着母亲生活。自然环境下，海象能活到40岁，甚至更久。

社会生活

一块浮冰上，从中间到边缘都挤满了海象，它们庞大的身体聚集在一起，长牙相互交错——这样的场景并不罕见，因为海象是极度社会化的动物。它们用吼叫、哨声、连续的隆隆声等各种声音互相交流，有的声音像犬吠声，还有的像钟声。近距离交流中，还会伴随着许多有趣的面部表情。

海象许多时候都在海水之外度过。它们在布满岩石的海岸上、沙滩上，尤其是在浮冰上组成庞大的族群——比起陆地，它们更喜欢冰面。在非繁殖期，尽管彼此之间距离很近，雄性海象仍倾向于和带着幼崽的雌性保持距离。

因为海象的求偶和交配都发生在北极冬季最难开展工作的地带，科研操作难度太大，所以针对它们

▶ 未卜的未来

海象完全分布在北极，具体分布情况由海岸线和其相对应的海底的状态决定。族群随着冰面的季节性扩张和回退而移动，导致每年都有大量的海象迁徙。

据估测，现存海象总数约为20～22万头。在全球变暖影响下，北极冰层日渐消融，尽管海象受影响的程度因区域而异，它们的生存也还是受到了显著影响。这种情况可能会完全改变海象这一物种未来的处境。

象海豹

象海豹这个名字十分贴切。因为这种海豹不仅体形巨大，还拥有大象般的长鼻子。

南象海豹（*Mirounga leonina*）是鳍足类动物里当之无愧的大块头。雄性南象海豹体长最长可达5米，体重约3500千克，雌性体形比雄性小得多，重400～800千克。南象海豹体形的性别差异不仅是鳍足动物中最大的，也是整个哺乳纲里最大的。

除了南象海豹，象海豹属里还包含北象海豹（*Mirounga gustirostris*），分布在北美太平洋沿岸，体形比南象海豹略小。

雄性象海豹的长鼻子让这一物种极易辨识，它们鼻子的从嘴巴上方自然下垂，膨胀起来时比整个头还大，不过这个鼻子唯一的用途只有发出警告、虚张声势，在象海豹为了争夺领导权而打斗以及应对威胁时毫无用处。

雌性象海豹没有长鼻子，在没有雄性对比的时候，可能会和其他种类的海豹混淆。

虽说象海豹体形庞大，其貌不扬，但它们却是实实在在的海豹。在陆地上时，它们一般都躺在地上，只有头抬着。实际上象海豹

▨ 第338~339页图：雄性南象海豹受到威胁时，鼓起鼻子，张大嘴巴。

▨ 左图：雄性象海豹之间的打斗极其残酷，图中可以看出年长个体的身上已经伤痕累累。

▨ 上图：一头雌性象海豹与它的幼崽，幼崽的毛往往是黑色的。摄于马尔维纳斯群岛。

的脊柱非常灵活，它们整个身体的前部都能直立起来，背部能与地面几乎呈90度，做出这种姿势的雄性象海豹，算上鼻部高逾2.5米，俨然成了极具威慑力的巨兽。

如果要在地面上移动，象海豹只能利用柔软的身体，非常笨拙地波浪式前进，但速度竟出乎意料的快。

在水里，这种巨兽就不再受到任何束缚。尽管它的速度不超过10千米/时了，游动的姿态却和所有鳍足类动物一样优雅自如。

象海豹的主要食物为鱼类和鱿鱼。一般，它们能潜到400~800米深处，并在水下待上15~40分钟。

正是得益于优异的潜水技能，象海豹才能在水下相当深处捕食鱿鱼。然而，它们最令人惊诧的行为还是它们的憋气能力能与鲸类中的佼佼者一较高下。在已经证实的纪录里，象海豹曾潜到约2000米深处，在那里保持了2小时！

象海豹通过视觉分辨猎物，它们的视力即使在光线极为昏暗的情况下也非常敏锐。同时，它们的许多猎物本身也能发出生物荧光，可能也为它们在黑暗中视物提供了帮助。在它们追逐猎物的过程中，口鼻部密布的长须也起到了一定作用。

妻妾成群

象海豹一般在副极地的海滩上交配。它们的繁殖方式也是这一物种的一大特点。

象海豹一生大部分时间都在海里度过，围绕着环极地的海冰边缘，它们的觅食地也位于其中。

雄性象海豹的分布地区比雌性更往南，但到了繁殖季节，它们会率先向北出发，到达副极地群岛上的繁殖地点。

9月中旬，雄性象海豹之间的残酷斗争开始了，战士们面对面，完全直立起来，为了显得更有威慑力而拼尽全力地鼓起自己的鼻子，并用长长的犬齿攻击对方的头部和

颈部。

打斗的目的是确认族群中的最高权力，征服大量的雌性，让它们成为自己的"妻妾"。占据主导地位的雄性拥有和100头雌性交配的权力，它们会不择手段，炫耀自己壮硕的体形，发出有震慑力的声音，让其他跃跃欲试的雄性远离自己的领地。雄性间的争斗持续

3至5周，而完成这样一场鏖战所消耗的能量完全来自于前几个月积累的脂肪。

这时，在上一个繁殖季节中怀孕的雌性象海豹已经产下了幼崽，并哺育了它们三个多星期，在幼崽断奶后仅仅几天内，雌性象海豹就已经做好了进行新一轮交配的准备。

这样一来，一个巨大的族群就围绕着最强大的雄性建立起来，族群里包含初次参与繁殖的雌性，处于哺乳期、带着幼崽的雌性，还有刚断奶的幼崽。雄性象海豹在海豹群中移动时，大脑完全被交配的狂热所支配，根本不会多加小心，所以经常撞倒雌性和幼崽，直接用自己巨大的身躯碾压它们。

左图：海滩上，一头雄性象海豹和它的配偶们正在享受宁静的一刻。摄于南乔治亚岛Moltke港。

上图：雌性象海豹之间也可能出现一些小冲突。

中图：一头在沙滩上打滚的象海豹幼崽。摄于阿根廷瓦尔德斯半岛。

　　繁殖季节的象海豹群最为喧闹，主要是因为有雄性象海豹的号叫，也包括雌性象海豹呼唤幼崽，以及象海豹幼崽呼唤母亲的声音。

　　如同许多其他鳍足类动物，象海豹也存在受精卵延迟着床的现象，即胚胎在交配后数月才会开始发育，如此一来，怀孕的时间就与出生季节同步了。

　　幼崽出生后，雄性象海豹之间的争斗便会停息，成年象海豹动身返回南方，幼崽的出发时间会推迟几个星期，因为在这期间，它们需要学习游泳和捕猎。当象海豹幼崽们离开自己出生的沙滩后，它们要在海里度过接下来的6个月，直到下个繁殖季节才回到这里。

▶ 无需担心

　　南象海豹的不同族群似乎呈现出不同的变化趋势，有些族群数量稳定，有些数量下滑，还有些仍在增长。据估测，全球约有65万头南象海豹，因此这一物种的存续无需忧心。

海豹

海豹是对海洋生活适应得最好的鳍足类动物，如果不是为了繁殖，它们可能找不到任何从水里上岸的理由。

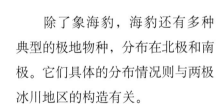

除了象海豹，海豹还有多种典型的极地物种，分布在北极和南极。它们具体的分布情况则与两极冰川地区的构造有关。

南极大陆边缘相对规则，海豹分布在大陆海岸线，直到副极地海洋气候区。而北极地区的环境难以预测，但由于邻近美洲大陆和亚欧大陆的北端，所以更便于鳍足类动物到达繁殖地。

不同地区生活的海洋哺乳动物群也反映着地区之间的差异：在北方，许多种类的海豹都聚集在北极周围生活，而南半球的南极仅有5种海豹长居。与此同时，因为两极的海豹食谱不同，它们的特点也出现了明显的分化。

北极海豹

环斑海豹（*Pusa hispida*）可以说是当之无愧的最北极的海豹，因为它们的活动范围甚至包含了北极点，那是世界上任何其他生物都难以抵达的地方。

"环斑"这个名字指的是它们的花色。在它们银灰色的皮肤上，分布着形状不规则的浅色环斑，有时环斑也呈深色，最深为接近黑色

第344~345页图：一头环斑海豹在露出水面的岩石上摆出憨态可掬的姿势。摄于挪威斯瓦尔巴群岛。

上图：灰海豹在岸边的海浪里嬉戏。

左图：冠海豹鼓起它的"帽子"——膨胀的红色气球状鼻中隔，画面奇特。

右图：髯海豹的胡须在干燥状态下末端卷曲。图中髯海豹的脖子上可见铁锈色，这是因为它们在海底游动，长期接触海底沉积物中的含铁矿物质，这些矿物质在空气中氧化，使髯海豹颈部变色。

的深棕色。

　　成年环斑海豹雌雄两性外形相近，体重最多达100千克，体长约1.6米。

　　环斑海豹是北极熊的常见食物。为了躲避北极熊，环斑海豹有一套应对策略。它们用鳍肢坚硬的

指甲把积雪和冰层凿穿，挖出从冰上直通水下的逃生通道。每头海豹都会挖许多不同的"安全出口"，以便于任何时候附近都有逃生通道可以脱险。

另一种几近到达最北端的海豹是冠海豹（Cystophora cristata）。这一物种得名于雄性特有的形似冠帽的鼻部结构，令人想起雄性南象海豹的长鼻子。雄性冠海豹能鼓起它的"帽子"，像吹气球一样，使红色的气球状鼻中隔膨胀，直到它从一个鼻孔中冒出。

冠海豹体长可以超过2.5米，体重350多千克，体形近似另外两种生活在北极的海豹：胡须很长的髯海豹（Erignathus barbatus）和头部轮廓极其独特的灰海豹（Halichoerus grypus）——它的头部又扁又长，有一个突出的吻部。

北极海豹的食谱包含鱼类和鱿鱼，具体食量因种而异，也受到区域和季节性食物供应的影响。甲壳动物和一些其他无脊椎动物也在海

豹的食谱中。

　　灰海豹是彻头彻尾的捕食动物，它们还捕食海鸟，以及其他体形更小的海豹。甚至还有记录表明，雄性灰海豹有同类相残，残害幼崽的行为。这种行为在成群繁衍的动物里更加难以理解。即使平日里大部分时候都独来独往的

物种，也多多少少会在繁殖季节形成种群，这种种群只会短暂存在，一般建立在陆地沿岸的冰面或浮冰上，环斑海豹便是其中一例。

　　在北极，新生的海豹幼崽往往长着柔软浓密的毛，全身雪白，小斑点若隐若现。而灰海豹和冠海豹的幼崽是例外，分别为灰色

和棕色。

　　总体来说，海豹的皮毛花色变化多端，在繁殖种群里也经常看到花色千差万别的海豹。不同性别、不同年龄的海豹皮毛颜色或深或浅，有的有斑纹，有的没有斑纹，色调也各不相同。

　　北极海豹中花色最为独特的当

属带纹海豹。成年带纹海豹基本为接近黑色的深色，但也有灰色的，在它们的头部、胸鳍和下半身末端各有一条宽而清晰的浅色环带，呈现出绝无仅有的外观。

北极海豹的潜水深度都在几百米上下。它们中的佼佼者是冠海豹，它拥有潜至1600米深，停留一小时的最高纪录。

南极海豹

南极海豹之中，除了南象海豹，还有至少两种值得一提的海豹，因为它们的进食习惯实在太南辕北辙了，它们就是豹海豹（*Hydrurga leptonyx*）和食蟹海豹（*Lobodon carcinophagus*），光看它们的名字，就已经暴露了它们各自对食物的偏好。

罗斯海豹（*Ommatophoca rossii*）和威德尔海豹（*Leptonychotes weddellii*）的名字都是发现它们的知名探险家起的，分别来自红海和威德尔海。它们和南极其他种类的海豹主要以鱼类和鱿鱼为食，这也是多数海豹所习惯的食谱。

▦ 左图：柔软而洁白的毛让竖琴海豹幼崽看起来毛茸茸的，天真无邪。摄于加拿大圣劳伦斯湾。

▦ 右上图：南极的极端环境，这里也是食蟹海豹的栖息地。

▦ 右下图：带纹海豹独特的花纹让它们极具辨识度。摄于日本北部知床半岛。

▶ 不 同 的 境 遇

北极的海豹曾遭到持续大量的捕杀，据估算，北极的带纹海豹数量已经超过20万头，环斑海豹约700万头，竖琴海豹（*Pagophilus groenlandicus*）约900万头。总体看来，尽管无法估算出准确的数据，北极海豹的现状并不令人担忧。但在南极，由于观测到东大西洋的海豹种群数量急剧下降，冠海豹已被列为易危物种。

豹海豹

　　豹海豹是唯一一种几乎只捕食温血动物的海豹。

　　它们体形修长，有一条长脖子，它们的头部与其说像其他海豹，不如说更像陆地上的食肉动物，它们的鳍足不管是前肢还是后肢，都又长又宽。

　　真正将它们捕猎天分展露无遗的是它们的牙齿，因为只有完美的捕食者才会有这样一副牙：犬齿长而锋利，磨牙呈矛头状，可以像捕兽夹一样高效地把猎物切成几段。

　　豹海豹能达到的体形十分可观，体长可超过3米，最高纪录达3.8米，体重约500千克。

　　豹海豹也是强大而迅猛的游泳健将，时速可达近30千米。它们游泳的方式更像海狮而非海豹，因为它们不靠尾鳍，而是依靠胸鳍，像船桨一样提供推进力。

　　尽管豹海豹和所有捕食动物一样，不放过任何可能的食物来源，但它们最常捕食的猎物当属企鹅。在它们的食谱里，也包括海鸟、海豹、鱼类、鱿鱼，以及包含南极磷虾（*Euphausia superba*）在内的几种无脊椎动物。

　　无论如何，企鹅都是豹海豹最喜欢的食物，豹海豹为了抓住企鹅颇费力气。它们会用一些独创的策略，而这些策略从人类的视角看来也许非常残忍。

　　这种场景并不罕见：一头豹海豹绕着一块浮冰游动，浮冰上瑟缩着几只企鹅，正为掠食者的来袭惊恐不已。豹海豹耐心地等待着，随后撞击浮冰，给了惊慌失措的企鹅从浮冰另一侧跳水逃跑的时间，显

左图、上图：豹海豹是海豹中唯一捕食企鹅和其他海豹等大型动物的物种。如图，豹海豹尾随并捕获了一只巴布亚企鹅。

然，头部露出水面的豹海豹等的就是企鹅跳水的这一刻。它们在顷刻之间迅速跟上，发起致命一击，立刻了结了一只倒霉的企鹅。

豹海豹的脖子又长又灵活，会像鞭子一样甩动来撕咬企鹅，所以落入豹海豹口中的企鹅常常会身首异处。它们的头会被海豹撕扯下来，而身体还在海面上游泳。这种捕猎时发出的声音，即使从远处也能听见。

食蟹海豹

食蟹海豹的进食行为和豹海豹截然相反，食蟹海豹是海豹中唯一的滤食动物。

它们的牙齿经历了哺乳动物的牙齿中最彻底的改变：牙齿虽然大致呈三角形，但两侧却有狭窄的缝隙，还有磨钝了的凸起，就像锯齿一样。合上嘴时，上牙可以插进下牙中间，留下一条条的缝隙，而这些缝隙便形成了一个筛子，可以像鲸类的鲸须一样，把水从嘴里滤出。

因此，食蟹海豹和鲸类一样吃磷虾并非偶然。它们先将磷虾含入嘴里，并在下咽之前从牙齿间滤出口中的海水。

食蟹海豹可长达2.3米，重达200千克，它们的皮毛颜色为浅棕色，幼崽的颜色更浅。食蟹海豹的鳍肢像豹海豹一样长且宽大，它们的游泳方式也和豹海豹相似，主要靠胸鳍推动前进。

然而，这两者其实是猎物和捕食者的关系，因为豹海豹常常捕食食蟹海豹，尤其是它们的幼崽，

所以食蟹海豹的大部分幼崽都活不过一岁，而且，成年食蟹海豹的身体上，少有不残留着长长的疤痕的——这些都是它们从豹海豹口中幸存的证据。

▌威德尔海豹和罗斯海豹

　　海豹从冰上随处可见的窟窿里探出头——这一经典场景的主角，正是习惯如此的威德尔海豹。

　　威德尔海豹体长近3米，重达600千克，这种海豹的繁殖地是所有哺乳动物中最南的，而且它们只栖息在冰层上。

　　威德尔海豹拥有高超的潜水实力，能轻松下潜800米，最厉害的是，它们能在水下憋气80多分钟。这样的能力让它们可以轻松自如地一口气游到海岸边海冰的底部，当它们想重新上浮时，如果遇到了冰

层的阻碍，它们就会左右摆头，用尖利的前磨牙像锉刀一样凿开冰层，挖出一条直通冰面的通道。

　　威德尔海豹的食物主要为冰鱼，它们也吃头足纲动物和少量磷虾。

　　罗斯海豹的体形比威德尔海豹小。虽然它们没有卓越的憋气能力，但也可以轻易下潜500米。罗斯海豹的食物构成与威德尔海豹相似，不过以头足纲为主。它

们有着特别的外表：头部很小，并没有和身体形成流畅的线条。一些纵向的条纹，从它们深色的尖尖的吻部，经由脖子两侧，勾勒出它们的身形曲线。罗斯海豹幼崽的背部颜色很深，腹部为浅色，呈粉黄色调。当有敌人靠近时，罗斯海豹会表现出特别的反应：它们会竖直从水里冒出头，用咽喉发出一系列声音。它们丰富的发声系统，能发

左图、上图：威德尔海豹是世界上最适应南极冰上生活的物种之一。它们常在浮冰底部游动，一旦有需要，就用牙凿穿冰层，挖出许多可以探出头换气的小孔。

出怒号、连续的隆隆声、尖锐的叫声、响铃声，以及像海牛目动物一样的声音。

▶ 现存状况

据估算，全球范围内食蟹海豹足有7500万头，威德尔海豹也达到了100万头之多，豹海豹现存40多万头，数量最少的是罗斯海豹，有13万头，这些海豹的现存状况无论如何也算不上危险。

企鹅

　　企鹅可谓是南极的代名词。生存的极限，恶劣的环境，让生活在这里的它们，从外形到生活方式，都容易引起所有人的怜爱。

　　企鹅共有20多个物种，全都居住在赤道以南，仅有一种加拉帕戈斯群岛特有的企鹅除外，这些企鹅多数分布于寒温带和亚热带气候区，少数来到了南极。

　　企鹅完美适应了水中生活，失去了鸟类最显著的特征——飞翔，它们的翅膀完全变成了划水的桨；企鹅的羽毛非常厚实，实际上更接近于皮毛，起到很大的保温作用；企鹅身体呈上细下粗的水滴形，趾间有蹼，直立时脚掌会向前卷曲。当企鹅摇摇晃晃地行走时，看起来就像昂首挺胸穿着燕尾服的绅士。

　　企鹅在地面和冰面上移动时，显得有些笨拙，而在水里，就到了它们展示优雅姿态的时候。许多企鹅一起游泳时，为了换气，它们会一个接一个从水中跃起。如果忽视体形的话，看起来还真像一大群海豚。

　　潜水时，企鹅划动着翅膀，仿佛它们是鳍一般。企鹅在水下的速度可达8~10千米/时，可以说，它们放弃了在天空中飞行，却学会了在水底翱翔。

■ 左图：南极的冬季，帝企鹅在冰上繁殖。南极此时的温度让几乎所有动物都无法涉足，此时繁殖是帝企鹅为了免受捕食者攻击而做出的极端选择。

帝企鹅

实在难以想象，居然有动物把荒芜的冰原选作自己的家。然而，每年却有至少有一种动物在南极的严冬跨海而来，在此交配、孵卵、喂养后代，它们就是帝企鹅。

帝企鹅（*Aptenodytes forsteri*）是体形最大的企鹅，高约1.2米，重逾40千克。它们长长的鸟喙和头部连成流畅的线条，身体其余部分呈椭圆形，有着流线形轮廓。

帝企鹅的羽毛浓密而柔软（翅膀除外，那里的羽毛都快变成"鳞片"了），色彩十分特别：它们的背部为深灰色，有银色反光；头部是黑色的，眼睛后方有一大片橘黄色向下扩散，逐渐过渡为胸部和腹部的白色。除了帝企鹅，仅有一种类似的企鹅拥有这样的颜色，那就是分布在亚热带的王企鹅。

帝企鹅的繁殖区域是所有企鹅中最南边的，这种与众不同的选择让它们成为了无数纪录片的主角。某种意义上，帝企鹅当得起奥斯卡

影帝。南极一进入冬天，帝企鹅便到达南极洲的海岸。此时，冰面刚开始向着海洋蔓延，形成广阔的冰冻地带，帝企鹅从那里开始向着南极内部行进。

帝企鹅的行进队伍浩浩荡荡，规模庞大，数百万只企鹅摩肩接踵，夜以继日地行走，到达距离外海几十千米的出生地。

企鹅是会走路的，但这段时期，它们的步伐格外艰难，因为此前为了积累脂肪，它们在海里大快朵颐，导致此时它们的身体尤其沉重。它们盼着有积雪覆盖，或底部已经结冰的地方。这时，它们就可以肚皮着地，脚蹼和翅膀推地前进，这样一来，它们的身体就像雪橇一样在地上滑行，可以更顺畅、更轻松地前进。这段时间里，南极的温度降至零下50多摄氏度，刮起时速200千米的狂风。这段旅程所处的环境可能会要了其他任何动物的命，可帝企鹅年年都能抵达终点。到达繁殖地后，帝企鹅成千只地挤成一团，形成紧密相连的族群。在族群里，争端降到最少，个体之间几乎没有领地意识，在如此极端的环境中，实在没有必要再把精力浪费在无谓的争斗上。

在极少数情况下，前一年的伴侣还能重聚，但大多数时候，帝企鹅会在短时间内结成新的伴侣，而新结的伴侣在这一个繁殖季节里都

▌ 第356～357页图：一对帝企鹅伴侣互相触碰以示问候。摄于威德尔海，古尔德湾。

▌ 左图：王企鹅（*Aptenodytes patagonicus*）和帝企鹅很相似，但体形更小，最高可达1米。它们在火地群岛或一些副极地群岛筑巢，如克尔格伦群岛、南乔治亚岛和马尔维纳斯群岛。图中，一个王企鹅族群为了在暴风雪中抵挡严寒，紧紧地贴在一起。

▌ 上图：破壳的时刻非常关键。因为气温极低，小企鹅只有迅速爬进爸爸腿上的"育儿袋"里，才能免于在短时间内被冻僵。

将亲密无间地待在一起。

越胖的雄性企鹅，往往越受雌性青睐，因为它们更有可能挺过在未来等待它们的严酷考验——它们可要三个月后才能吃上下一顿饭！

约2周的交配期过后，雌性帝企鹅会产下唯一一枚蛋，并立刻小心翼翼地把它滚到伴侣的脚上，交给伴侣照看。为避免企鹅蛋结冰，这一移交过程必须尽快完成。帝企鹅的下腹有一个用来给蛋保暖的育儿袋，可以让蛋的位置高于冰面。雌性帝企鹅将孵蛋的任务交给雄性伴侣之后，便重新向着海洋进发，重走一遍2个月前来时经过的路程。在暴风雪的呼啸和南极极夜的笼罩下，数以千计的雄性帝企鹅一个紧贴着一个，最大程度减少热量流失，每只雄性企鹅脚蹼间的育儿袋里都装着自己的蛋。由于站在最边缘的企鹅更容易失去热量，所以帝企鹅们常常会轮流站到边缘替换同伴，以保证每只企鹅都能保持所需的热量。到达海边的雌性帝企鹅任务并不比雄性轻松，因为它们必须摄入尽可能多的食物，然后回去和伴侣换班。这时对它们而言是最危险的时刻，因为它们随时可能遭到豹海豹的攻击，一旦雌性帝企鹅被杀，就意味着它们的幼崽不会有任何存活的可能。

而这时，它们的雏鸟已经出生。尽管雄性帝企鹅已经断食很

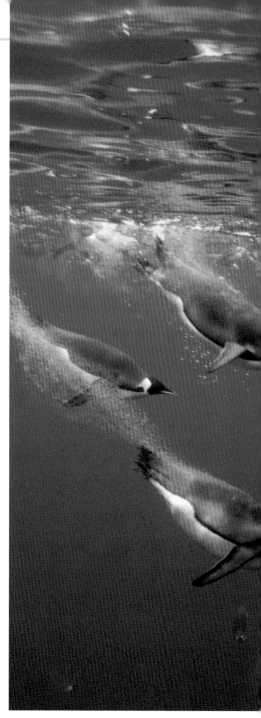

 上图：从海边返回的雌性帝企鹅用反刍的食物哺育雏鸟。

右图：水中的企鹅一改它们在冰上的笨拙形象，图中清晰可见它们完美的流线型身体。

久，它们还是会从胃里反刍出此前为育儿而储备的食物残渣来喂养雏鸟，这也被称为"企鹅乳"。企鹅雏鸟出生的头几天，完全仰赖这种特殊的食物存活。

新生企鹅没有脂肪储备，它们身上覆盖的绒毛也还不足以抵抗寒冷，所以它们只能待在父亲的育儿袋里。

幸运的是，雌性帝企鹅不会让孩子等待太久就会回来和父亲换班。企鹅雏鸟在从父亲的育儿袋走到母亲的育儿袋的过程中也极为脆弱，这一行动必须快速完成，因为即便在短时间内接触寒冷空气，也可能导致死亡。这段时间内，雄

性帝企鹅的体重会骤降到以前的50%，不过它们可以回到海边进食，把履行沉重的父亲职责期间损失的能量补回来。一个月后，它们会重新回到幼崽身边，开启新一轮育儿。有了母亲喂养的新鲜食物，小企鹅得以度过它们生命中的第一个关键阶段，也长大了一些，长出

了一层能帮它们抵御寒冷的绒毛，并迈出了它们进入冰雪世界的第一步。

随着小企鹅逐渐长大，双亲的轮班频次变得越来越频繁，直到它们达成共识，双方都前去储备食物。等待父母回来的这段时间，小企鹅们也像成鸟一样，一只只紧靠在一起，因为随着季节变化，此时的气温虽然已经没有那么严酷，但仍保持在零下30到零下10摄氏度。夏季到来时，企鹅雏鸟已经只比成鸟矮一点点了。它们会开始换毛，外形也即将发生永久地改变。

父母不会再返回了，小企鹅不得不自己走向大海。此时，因为冰已经开始消融，它们离海的距离其实已经近得多。第一次扎进水里时，企鹅雏鸟身上还保留着最后一撮绒毛，但下层永久的羽毛已经长全了。它们即将迎来独立觅食的时刻，在海中度过夏天剩余的日子。

帝企鹅的憋气水平是所有企鹅中最高的。它们可以潜水到500米深处，留在水下约20分钟。

阿德利企鹅

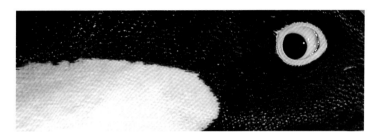

这是一种小型企鹅，它们在寒冰消融的晴朗季节到来，岩石料峭的海岸露出时筑巢。但岩石并不能为企鹅们提供庇护，捕食者既可能从空中出现，也可能从海里袭来。

阿德利企鹅（*Pygoscelis adeliae*）是除帝企鹅外唯一只分布在南极的企鹅，但二者的繁殖习惯非常不同。

阿德利企鹅身高60~70厘米，头部和背部为黑色，腹部为白色。它们完全适应了南极的严寒气候。春天到来时，浮冰群开始融化，露出岩石密布的区域，阿德利企鹅并不深入南极大陆，而是在海岸边停靠。

这里是它们典型的筑巢地。如果科考勘探队员在这一时节来到南极沿岸，常常会有一大群阿德利企鹅好奇地围上来。对它们而言，人类的出现着实是件稀奇事。

不同于帝企鹅，阿德利企鹅有筑巢的习惯。雄性阿德利企鹅从附近收集石子，把它们一个挨一个码起来。求偶时，雄性阿德利企鹅高

高昂起头，发出像木门开合一样的嘎吱声。它们还会用喙叼着石子，当作礼物送给雌性，把雌性引到自己筑的巢里。如果阿德利企鹅发现自己的石子被附近的同类偷去建巢（这种事时有发生），就会爆发一些小小的矛盾。

有时，头一年结成的伴侣还能重新找到对方，去年建的巢或者残留的部分巢也可能沿用下来，但这并非常态。一般情况下，它们会寻找新的伴侣。它们必须抓紧南极短暂的夏季，迅速完成求偶、产卵和育儿的过程。

雌性阿德利企鹅产卵后，孵蛋就完全成了雄性的任务，在约一个月时间内，雄性阿德利企鹅全心照料鸟蛋，完全禁食。雏鸟出生后，雌雄阿德利企鹅会轮流到距巢穴不远的海里寻找食物，回来喂养小企鹅。因为阿德利企鹅选择在晴好季节沿着海岸边筑巢，所以它们会遭到鸥、贼鸥和巨鹱等海鸟的捕杀。这些海鸟以企鹅蛋和企鹅雏鸟为食，专挑父母都不在的时机下手。成年企鹅也可能在海里被豹海豹和虎鲸捕食。

阿德利企鹅是迅猛的游泳能手，而且非常敏捷。它们主要捕食小鱼，也吃甲壳类动物和磷虾。

第362~363页图：一只阿德利企鹅好奇地靠近摄影师。

左上图：阿德利企鹅的巢由石头筑成，这些石头有从周边收集的，也有从"邻居"处偷来的。

左下图：一只贼鸥在攻击阿德利企鹅群，照片捕捉到了所有企鹅的反应——它们试图赶走贼鸥，保护自己的蛋和雏鸟。摄于保莱特岛。

上图：一群阿德利企鹅在结冰的岸边集体跳水。

▶ 保护现状

全球帝企鹅数量只有不到60万只。因为帝企鹅的繁殖习惯极为特殊，所以它们的数量受气候变化影响显著，这一物种的处境值得关注。阿德利企鹅的现状无需太过担忧，它们有超过200万对处于育龄、可以筑巢的企鹅夫妇，整个种群足以挺过恶劣的自然条件，也能在天敌的猎杀下继续繁衍。

而环极地的另一种企鹅，帽带企鹅（Pygoscelis antarcticus），其分布最南到达副极地地带的北边，现有数量比阿德利企鹅更多。

极地飞行

海鸟的耐力有多强？看看北极燕鸥（*Sterna paradi-saea*）便知。它们要完成的迁徙是整个动物王国里路程最长的。每年，北极燕鸥都要从北极的海域飞到南极再折返，往返全程长达7万千米。

南北两极各自的特征也影响着海鸟的生活方式，但在南北极两个生态系统中，都不乏能够适应海洋生活的鸟类，而且它们中的许多知名度都不输企鹅，从鸥、海鹦和信天翁就可见一斑。

在北极海域的悬崖顶端筑巢的海鸟有60多种。对会飞的海鸟而言，这里更易到达陆地的岸边，是捕食企鹅幼崽和其他猎物的理想环境。

南极的情况稍有不同。美洲和非洲的最南端距离南极非常远，因此，有的鸟类选择直接在南极大陆内部或海岸筑巢，另一些则成群聚集在南极北方的副南极地区为数不多的小岛上。

左图：一只北极燕鸥正在警告靠近它巢穴的外来者。

海鸟

翱翔天际的海鸟可以高速飞行很远的距离，所以它们能在南北两极丰饶的海水里捕食，也不耽误去往低纬度地区繁殖。

北极鸥和白鸥

    鸥强大的适应能力让它们征服了地球上所有的环境，北极鸥（*Larus hyperboreus*）就是其中一例，它们已经进入了北极最为严寒的地区。北极鸥是一种体形很大的鸥，成鸟羽毛为浅灰色和白色，雏鸟的羽毛则为浅红棕色。它们和其他几种鸥一样，在悬崖上筑巢。另一种和北极紧密相关的鸥就是白鸥（*Pagophila eburnea*）。它们的

外形优雅无比，雪白的羽毛让它们可以隐匿在冰天雪地里。

海鸦、刀嘴海雀和北极海鹦

    海雀科包含许多种适应北极地区冰冷海水的海鸟。它们多数腹部为白色，其余部分为黑色。

    这些海鸟沿着岩石密布的海岸聚集筑巢，但也时常造访远海。

    它们搭建的巢穴很简陋，通

常只由少量干树枝组成，有时它们甚至直接将卵产在悬崖崖壁狭窄的凸出部分。这些卵的形状非常特别，呈圆锥形，这样一来，即使被撞到，它也只会在原地打转，这种进化减少了卵从悬崖崖壁坠落的风险。海雀科特点最鲜明的有刀嘴海雀（*Alca torda*），其喙部较高，从两侧向中间收窄。它们和海鸦相似，但喙部更细，也更尖。它们主要以俯冲入水的方式捕食小鱼，有的刀嘴海雀仅能入水数米，有的则能潜入100多米深。

北极海鹦（*Fratercula arctica*）是海雀科最特别的物种之一，主要是因为它们的喙。它们的喙部几乎和整个头等高，两侧极窄，而且色彩鲜艳。北极海鹦还有一个特别的习惯，它们每次觅食都会捕捞许多小鱼，并把它们全都叼在嘴里，排成一排，等到归巢时，鱼多得从喙两侧垂下来。

第368～369页图：北极鸥是北极的常客。摄于挪威斯瓦尔巴群岛，斯匹次卑尔根岛。

左图：春天，一对刀嘴海雀在挪威海岸边。

上图：前景中这只漂泊信天翁的羽毛仍是成年前的状态。摄于南乔治亚岛。

右图：一只北极海鹦嘴里叼着像胡须一样的小鱼。北极海鹦每次入水觅食都会把这些战利品叼在嘴里。摄于英国北部，诺森伯兰郡，法恩群岛。

漂泊信天翁

　　北极海域的漂泊信天翁（*Diomedea exulans*）翼展长达3.5米，创下了鸟类中的纪录。虽然它们的翼展极宽，但翅膀狭窄，从空气动力学的角度来看十分高效，就像滑翔机一样，使得信天翁在借助风力飞到一定高度后，翅膀不用扇动，就可以滑翔很长一段距离。

鹱

　　鹱形目包含许多种海燕和鹱，包括体形最小的暴风海燕。"暴风海燕"这一名字来源于它的习性，人们常常在风暴猛烈的海上见到它，而它恰恰是借助此时的风，在波涛之间低飞。许多鹱类都是南方海洋独有的，比如银灰暴风鹱（*Fulmarus glacialoides*）；而在北方与它遥相呼应的暴风鹱（*Fulmarus glacialis*）则常常造访北极圈。

大贼鸥和白鞘嘴鸥

　　大贼鸥（*Catharacta antarctica*）是企鹅群的不速之客。这些捕食者像"清道夫"一样，伺机把企鹅蛋和雏鸟一扫而空。

　　羽毛洁白似雪的白鞘嘴鸥（*Chionis alba*）也有同样的行为。

■ 上图：一只在冰川边缘飞行的暴风
   鹱。摄于挪威，斯瓦尔巴群岛，康斯
   冰山。

■ 右上图：一只大贼鸥抢走了南跳岩企
   鹅（*Eudyptes chrysocome*）的蛋，后
   者无力阻止。摄于马尔维纳斯群岛，
   佩布尔岛。

■ 右下图：一只白鞘嘴鸥专注地盯着巴
   布亚企鹅喂雏鸟，伺机从它的口中抢
   走食物。

它们一看见企鹅父母哺育幼崽时反
刍出食物，就会立刻出现，直接把
食物从成年企鹅口中夺走。 ■

极地的鲸类

　　极昼期间，两极的浮游生物和磷虾大量繁殖，这些季节性生物的数量暴增，能支撑两极一年里整个食物链的生存，让两极海域成为许多海洋动物的福地。许多鲸类在丰富食物的吸引下相继到来，它们中也包括地球上从古至今最大的动物——蓝鲸。在夏天的北极海域见到抹香鲸和灰鲸并不稀奇，遇见虎鲸或领航鲸等其他鲸类也并非罕事。

　　然而，当恶劣的季节到来，白昼越来越昏暗、越来越寒冷时，数不胜数的鲸类便朝着它们在更温暖水域的繁殖地前进，去完成向着赤道进发的漫长迁徙。不过，也有一些鲸类定居于此，如独角鲸、白鲸、弓头鲸、贝喙鲸，它们全年都生活在寒冷的环极地海域。为了不在冰层形成过程中被困在冰中，它们也需要根据冰层的蔓延情况，做出短途的迁移。

左图：两头未成年虎鲸（*Orcinus orca*）在冰冷的水中沿着冰岛海岸游弋。

独角鲸

海中独角兽，听起来就像从神话里走出来的巨兽。它在所有鲸类中独树一帜，因为它是唯一拥有一根螺旋形长牙的鲸类。当它浮出水面换气时，这根长牙总是率先浮现在海浪之上。

独角鲸（*Monodon monoceros*）是北极典型的鲸类，它周身浅灰色，背部和侧面分布着深色斑点，随着年龄增长，身体的颜色会发生明显变化。成年独角鲸体长约5米（不包括长牙），体重超过1500千克。

独角鲸的分布范围很广，主要分布于北纬65度以上的海湾和北冰洋的海峡中。它们以鱿鱼、虾、比目鱼、大西洋鳕鱼等鱼类为食，经常为了觅食而进行极深的潜水，有时能达到水下1800米，甚至更深的地带。

独特的牙齿

独角鲸出生时就有两颗牙，水平地嵌在牙龈里。满一岁时，雄性独角鲸和极少数雌性的左牙就会快速冒出，穿透上唇，不断长长，成

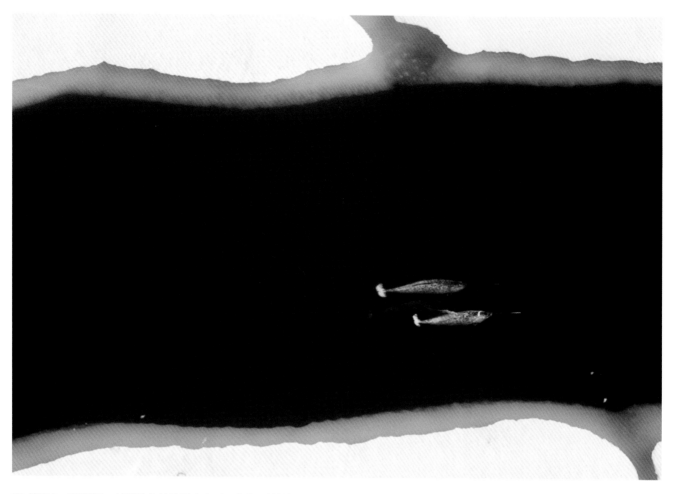

第386～387页图：就算独角鲸只露出水面一部分，雄鲸螺旋形的长牙也足以让人们一眼认出它们。

上图、右图：独角鲸经常成对或成群在海面游动，雄性很容易和没有长牙的雌性区别开。摄于加拿大努纳武特，巴芬岛。

为一根螺旋形长牙。这一构造能长到2～3米长，底部直径近10厘米，重达10千克。

关于这一特殊构造能给独角鲸带来什么优势，有过许多种假说：也许从觅食的角度看，长牙能方便它们捕猎，比如用长牙在海床里翻找，逼出猎物，或直接刺穿它们；也许长牙可以当作钻头，用来刺穿薄冰，凿出可供呼吸的窟窿；又或许可以用作防御的武器，或声波的发送器。它还可能用于求偶仪式，或作为雄性之间的打斗利器。

因为，成年雄性独角鲸身上有很多伤痕，还有些独角鲸的长牙有磨损的迹象，此外，长牙会在它们的性成熟时期长长。种种迹象都表明，长牙会运用于雄性之间的打斗。打斗决定了独角鲸在鲸群内部的社会等级，只有最强壮、有着最大牙齿的雄性才能取得主导地位。

在独角鲸的长牙中，有许多神经末梢，这引发了另一种假设，即独角鲸的长牙是一种感官，能觉察到水温和水压的变化。

这一能力可能表现在独角鲸能通过长牙知道海水什么时候结冰，或者获取其他利于它们在这里生存的信息。

岌岌可危

虽然独角鲸并未列入濒危物种，但它们也正遭受着威胁。即使有数以万计的独角鲸仍生活在北极海域，但在人类活动及其引发的各种现象的影响下，它们仍可能极为脆弱。

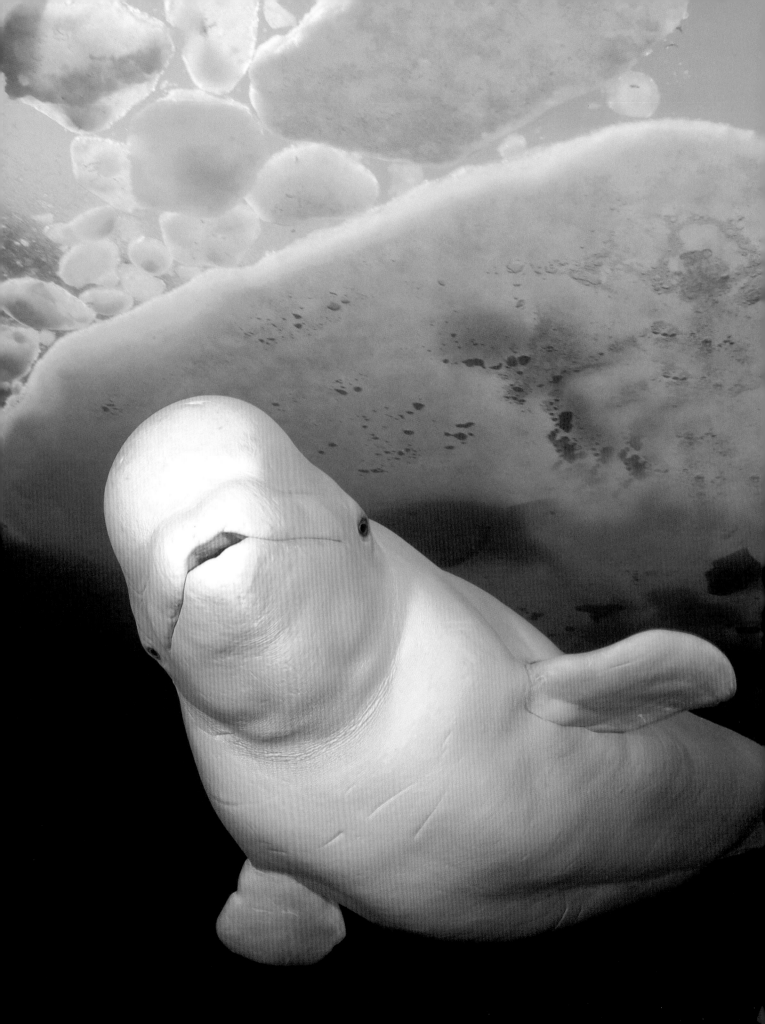

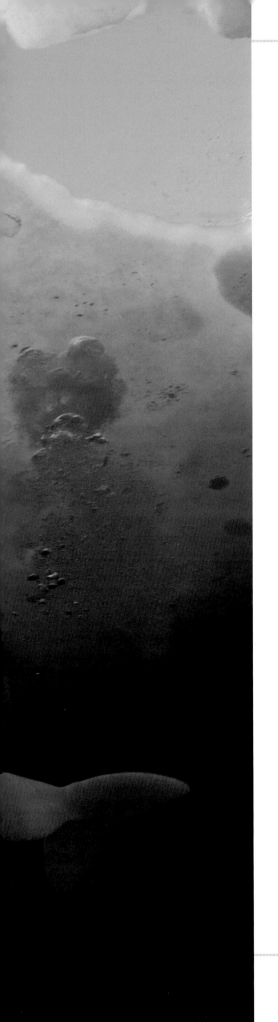

白鲸

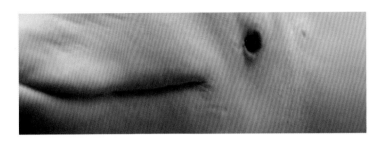

白鲸也称北鲁卡鲸，它们的一生都在冰冷的海水里吟唱着度过。白鲸的声音在海水内外都能听见，因此海员们给它起了一个别称——海金丝雀。

白鲸（*Delphinapterus leucas*）是一种中型鲸，体长3~5米，体重达到1500千克。成年雄性白鲸约比雌性长1/4，体形更加粗壮。这一物种已经完全适应了寒冷海水里的生活，它们的头部、尾部和鳍都相对较小，皮下有厚达15厘米脂肪层。

白鲸约7岁达到性成熟时，才会完全变成它们标志性的白色，而白鲸幼崽全身为相当深的灰色。

白鲸的牙齿为锥形，会随着年龄增长而磨蚀。它们的脖子非常灵活，头可以转向两侧——这是它们的独门绝技。同时，白鲸没有背鳍，据一些学者推测，这可能是为了适应冰冷海水中的生活，降低热量流失。在背鳍的位置取而代之的是脊，这在成年雄性身上更为明显，表现为一连串颜色稍深的凸

起，可以用来撞破海面上的薄冰。

白鲸是社会性动物，生活在数百头个体组成的大群里。雌鲸的妊娠期长达14个月，幼鲸约20个月断奶，在这期间，雌鲸很少再次怀孕，因此雌鲸的每次生育都相隔约3年。

夏季，许多白鲸聚集在河流入海口的浅水区域，它们在这里完成蜕皮，通过在海床的沙砾上摩擦身体，让去年发黄的皮肤重新变白，焕然一新。

白鲸的歌声

白鲸算得上是鲸类里数一数二的"话痨"，它们的交流极为频繁，发出的声音也非常广泛，包括咔嗒声、呼噜声、尖叫声、哨声、哞哞声和吱吱声等。

和其他鲸类或者说其他齿鲸一

第380～381页图：一头白鲸在北极的浮冰下游动。摄于俄罗斯北部，白海。

左图：一大群白鲸在加拿大北部沿岸。

上图：白鲸身上经常带有虎鲸攻击留下的痕迹，如图中幸存的白鲸，它头前部的额隆部分被虎鲸咬掉了一块。

样，白鲸也有额隆，这是一种能帮它们进行回声定位的器官。同时，白鲸的额隆也让它们的头部显得格外圆润。

除了导航和锁定猎物位置外，回声定位还能用于求偶，甚至跨物种的交流。

▶ 五 个 种 群

尽管还没有现存白鲸数量的准确数据，尤其是俄罗斯北极地区等地理范围的数据，但它们并未被列为濒危物种。白鲸现有5个种群。由于人类活动造成的化学污染，使得其中几个种群，如加拿大圣劳伦斯河湾种群，正在面临灭绝的风险。

弓头鲸

弓头鲸，或称格陵兰露脊鲸，是统领北极海域的巨人。它们浮出水面时，从远处也能看见它们的呼吸：一股水雾从气孔里猛然喷出，在寒冷的空气里凝成冰珠，就像一簇高达七米的羽毛。

弓头鲸也叫格陵兰露脊鲸（*Balaena mysticetus*），是世界上最大的动物之一，雄性体长达17米，体重能达到75~100吨，这一重量仅次于蓝鲸。

因为没有背鳍，弓头鲸背部的轮廓圆润流畅——所有露脊鲸都是如此。弓头鲸的头部长度占体长的1/3，气孔位于头前部的凹陷处。

弓头鲸周身呈黑色，但它们中的大部分在下巴上都有一大块白色斑块，斑块中又有一串项链似的深色小斑点，形状和大小因个体而异。

随着年龄增长，弓头鲸的尾干越长越大，尾干周围有时也会出现其他的白色斑块。另外，弓头鲸在

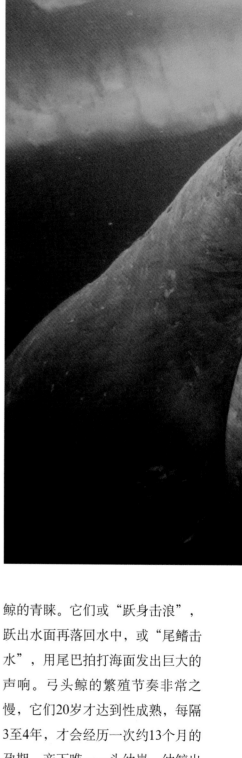

第384～385页图：一头弓头鲸正在"跃身击浪"。这一行为展现了这些巨兽非比寻常的肌肉力量，常常赢得极高的关注。

上图：弓头鲸在水面游泳时，只能看见它们的一部分背部以及气孔。

右图：弓头鲸弯曲的大嘴里有着所有鲸类中最长的鲸须，可长达5.2米。

海底觅食或在海面游动时，很容易与海底和海冰摩擦，从而在身上留下永久的痕迹。

为了与冰冷的北极海水抗衡，弓头鲸演化出了所有鲸类中最厚的脂肪层，算上表皮在内，足足有70厘米厚。

需要浮出水面换气时，它们能直接用嘴顶开厚度达60厘米的冰层。

弓头鲸是滤食动物，主要食用浮游甲壳类动物。进食时，它们先用嘴吸入大量的海水，舌头像活塞一样，把海水从鲸须间挤出（弓头鲸的鲸须是所有鲸类中最长的，平均长逾4米，两侧各有230～360根），再用舌头把留在口中的食物卷入喉咙。

生活习性与繁殖

弓头鲸多以5～6头个体组成的小群为单位活动。它们是社会性动物，当觅食期或繁殖季节到来时，它们便在水下用声音联络更多的同类。有时，它们久久地重复同一段旋律，相隔很远都能听到。有研究者认为，这些旋律可能是雄鲸用来吸引雌鲸交配的召唤。

当繁殖季节来临，雄鲸就开启了它们的水上特技表演，来博得雌鲸的青睐。它们或"跃身击浪"，跃出水面再落回水中，或"尾鳍击水"，用尾巴拍打海面发出巨大的声响。弓头鲸的繁殖节奏非常之慢，它们20岁才达到性成熟，每隔3至4年，才会经历一次约13个月的孕期，产下唯一一头幼崽。幼鲸出生在春夏之交，刚出生时仅有4～5

米长。而在它们出生的第一年里，就能长到出生时的两倍。

▶ 最长寿的动物

19世纪，由于捕鲸业重兴，捕杀泛滥，弓头鲸曾被推到了灭绝的边缘。此后，它们的数量一直在缓慢恢复，目前约划分为4或5个种群，可能有2~4万头个体。

令人震惊的是，弓头鲸的寿命可以超过200岁，这一数据准确无误，因为有人曾发现，在一头弓头鲸的肉里嵌着一个鱼叉头，而这种鱼叉从19世纪末就再也没人用过了。因此，弓头鲸是地球上最长寿的动物之一。

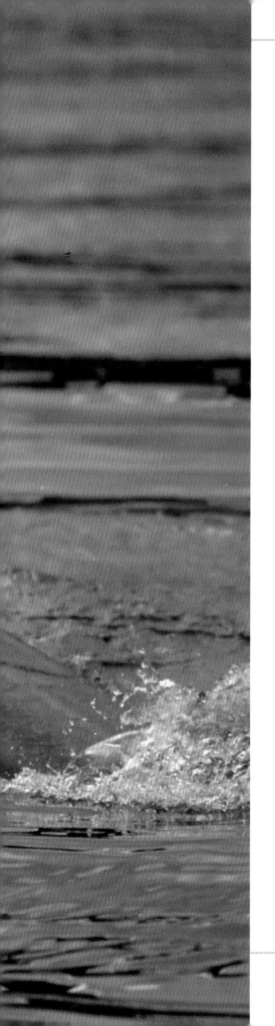

瓶鼻鲸和贝喙鲸

在南北两极环极地地带冰冷的海水中，生活着其貌不扬的鲸类。它们能长时间地潜水，身上还带着来历不明的痕迹。

喙鲸科里的几种鲸类，虽然也属于齿鲸亚目，却全都牙齿退化，或近乎没有牙齿。它们的食物主要是鱿鱼，也有部分鱼类，不过它们只能将猎物吸进嘴里，然后囫囵吞下。

有的喙鲸嘴里有两颗或四颗牙，长在下颌的末端。这些牙可能是用来和同类互动的，它们身上交错的痕迹也许可以作为佐证。喙鲸通体呈浅灰色，不过，因为它们身上可能长有海藻，有时也呈黄色调或绿色调。

北瓶鼻鲸（*Hyperoodon am-pullatus*）是一种长达10米、重逾7吨的大型鲸类，分布在大西洋和北极，南可至北非，西至美国海岸。它们的南方近亲为南瓶鼻鲸（*Hyperoodon planifrons*），体形比北瓶鼻鲸略小，从南极大陆到

南美洲、非洲和澳大利亚的南方都有分布。

瓶鼻鲸看起来就像是发育过头的海豚，具体体现在它们浑圆的头部和吻喙紧密连接，和宽吻海豚（也叫瓶鼻海豚）非常相似。正因如此，"瓶鼻鲸"和"瓶鼻海豚"在名称上只能从"鲸"和"海豚"来区分。

两种瓶鼻鲸都只有两颗牙，长在下颌末端，且只有成年雄性的牙才会从牙龈里冒出来。

阿氏贝喙鲸（*Berardius ar-nuxii*）有着和海豚一样突出的喙。下颌前端长有四颗牙，中间两颗格外凸出，嘴部闭合时也能看见。贝喙鲸为大型鲸类，体长超过9米，体重以数吨计。

贝喙鲸的背鳍很小，呈镰刀状，位于身体的后半部分。贝喙鲸通体为黑色，腹部和体侧颜色较浅。

有关这类鲸的现有资料很少，既因为它们性格僻静，不喜亲人，也因为它们的确数量稀少，研究人员能收集到的数据相当有限。

▧ 第388~389页图：一头北瓶鼻鲸露出它巨大的头部，其头部的形状和海豚很相似。

▧ 右图：瓶鼻鲸独特的轮廓将它与所有其他鲸类区别开来。

南露脊海豚

作为群居性动物，南露脊海豚成群地跃出水面，活力四射，或用它们小小的胸鳍，或用尾巴，拍打着海面，发出巨大的声响，上演一场大型杂技表演。

南露脊海豚（*Lissodelphis peronii*）有着所有鲸类中最纤细的体形。它们流线型的身体线条极为流畅，从嘴巴直到尾鳍没有任何阻断，因为它们没有背鳍。南露脊海豚的色彩分明，赋予了它们独特的外观。黑色贯穿尾部和背部，线条蜿蜒而清晰，仿佛一道柔和的海浪，腹部则是白色的。

和大多数海豚不同，南露脊海豚的喙部较短，只从前额凸出一点点。它们的胸鳍也很小，呈镰刀状。

外形方面，南露脊海豚和分布在北半球的北露脊海豚十分相像，但与后者相比体形更小，成年南露脊海豚长1.8~2.9米，重60~100千克。

南露脊海豚分布在南半球环极地地区，但并不会到达南极大陆，

第392~393页：两头灵巧的南露脊海豚在南冰洋的浪花里跳跃。

因为它们是远海物种，喜爱外海环境，距离海岸最近时，也只到海水足够深的大陆架区域。

南露脊海豚是群居动物，常常形成多达100多头个体的大族群。有时，一个大族群中的个体数量甚至能达到1000头。

有些南露脊海豚族群胆小拘谨，见到船只都游得远远的，也有些热情活泼、充满好奇心，会毫无畏惧地接近船只。

南露脊海豚非常喜爱跳跃，以及用腹部和尾巴击水。随着族群中个体数量的增加，这些行为会一呼百应，在海面上掀起阵阵让人眼花缭乱的浪花。

南露脊海豚最长可潜水6分钟，普遍的时间则更短。在休息时，或不那么活跃时，南露脊海豚游得很慢，仅将气孔露在水面外。

人们对南露脊海豚的繁殖习性

上图：秘鲁沿岸的一大群南露脊海豚。南露脊海豚全都分布在副极地区域，这里是它们分布最北的地方。

了解甚少，虽说能在春天观测到幼体出现，但仍不确定它们确切的出生季节，只能据此推测雌性南露脊海豚应该也在这段时间内分娩。▊

▶ 处于危险之中

现有数据还不足以评估南露脊海豚的生存状况，然而，这并不意味着南露脊海豚可以置身危险之外。它们面临着许多威胁，其中大部分来自人类活动，尤其是捕鱼活动，或直接或间接地影响着它们，它们经常被用来捕剑鱼的渔网缠住。因此，尽管详尽数据还有待完善，仍能判断它们处于危险之中。

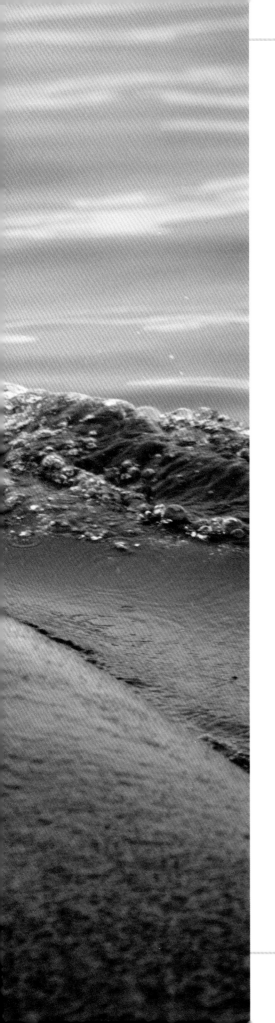

南极小须鲸

南极小须鲸是南半球大洋里的游泳健将。虽说体形比其他须鲸小，可它们优雅的身姿却不逊色于任何大型须鲸。

南极小须鲸（*Balaenoptera bonaerensis*）分布在南半球的大洋里。从南极到热带海域都有它们的身影，但从来不会越过赤道。南纬60度以南的南极海域里，分布着大量南极小须鲸，它们基本停留在南极浮冰带边缘几百千米处。

南极小须鲸是体形最小的须鲸之一。其学名来自斯堪的纳维亚语，意为"有皱纹的"，对应的是须鲸喉咙下的褶沟部位。褶沟在须鲸进食时会膨胀起来，如此它们的喉咙就能装下尽可能多的海水，而后再通过鲸须将海水滤出，留下它们食用的小型生物。

成年雄性南极小须鲸均长8米，

第386～387页图：一头南极小须鲸浮上水面打开气孔换气。

右图：南极小须鲸在海面游动时，能看见它们弯曲的尾鳍。

重约7吨，体形最大可达近10米长，约11吨重。雌性南极小须鲸体形比雄性稍大，最高记录为10.22米长。平均而言，南极小须鲸的体形刚刚超过它们在北极的近亲小鳁鲸。此外，和后者相比，南极小须鲸的胸鳍上也没有白色斑块。南极小须鲸的背部为深灰色，腹部颜色较浅。在脊背上，约身体总长的三分之二处，长着小小的镰刀状背鳍。

生活习性和繁殖

尽管人们对南极小须鲸的繁殖行为了解不多，但一些学者根据它们每年特定季节的种群结构推测，南极小须鲸是多配偶制。

南极小须鲸的主要繁殖地很可能在南纬10度至20度之间，这里水流平缓，而且少有虎鲸和大型鲨类等捕食者出没。经过10个月的妊娠期后，雌鲸在这里诞下约2.5米长的幼鲸，并一直养育、保护它们直到2岁。雄鲸并不参与抚育幼崽的过程。

南极小须鲸可能过着独居生活，也可能形成一般由2～4头个体组成的小规模群体。

这些游泳健将可以在短时间内猛加速。一般情况下，它们的潜水时长为2～6分钟，停在水面的1分钟换气5～8次。它们最长能在水下停留近30分钟，而且浮出水面的地点常常和下潜地点相同。

南极小须鲸会尽量避让航行中的船只，但它们天生的好奇心仍使其比其他鲸类更容易受到注意，也更易观察，因为还是会忍不住会靠近停锚在海湾和港口的船只。

▶ 不容乐观

学界认为，南极小须鲸是南半球大洋里数量最充足的须鲸。据估计，20世纪80年代，整个南半球约有76万头南极小须鲸，而截至目前，这一数量可能已经减少了60%左右。因为它们的繁殖周期极为缓慢，人们更需要意识到，南极小须鲸数量的减少，很可能让这一物种在短时间内变得难以存续。

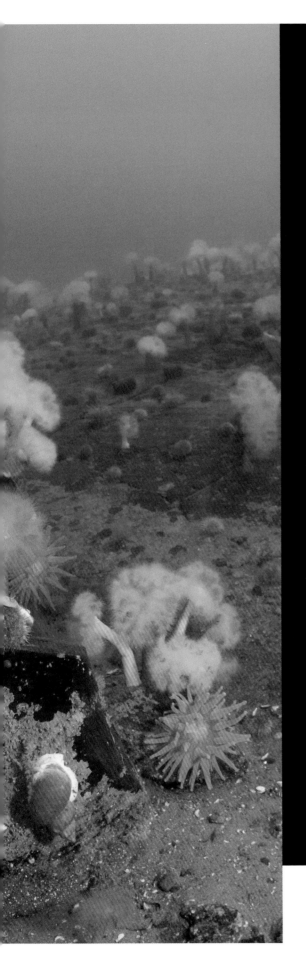

极地海洋

　　极地极端的气候环境同样影响着生活在海水中远离冰层的生物，只不过是以间接的方式。当外部气温下降到零下数十摄氏度时，含盐分的海水因其物理化学特性，而无法降到零下2摄氏度以下（更精确地说是零下1.9摄氏度以下）——低至这一温度时，海水才会开始结冰，故而海下不会结冰。

　　正因如此，无论外界温度如何随着季节急剧变化，海洋环境都不在此范畴里，于是，纵然海里再不宜居，也比外面的环境稳定不少。那些长居在海洋的生物，经历了数百万年，演化出了独特而复杂的解剖学和生理学特征，用以解决结冰的问题。

　　最北部和最南部海洋里的生物群，并未表现出和热带海域生物一样巨大的生物多样性，也不像它们那般形态和色彩各异；但另一方面，从浮游生物到远洋鱼类，它们的繁殖量都极大，足以构成地球上最充足的生物资源。

　　左图：一只格陵兰睡鲨（*Somniosus microcephalus*）。这种鲨鱼长达6.5米，可能是唯一分布在北极地区的鲨鱼。人们对其进食偏好和行为习惯了解甚少。这张图中，它在有海胆、海星和海葵的浅水区域游动，但这一物种一般出现在更深的海域。

极地海洋鱼类

极地冰冷的海水里，游弋着数以百万计的鱼类。它们对更大的鱼类，以及鲨、鲸、鳍足类动物、企鹅和各种海鸟而言，是巨大的食物来源。

大西洋鳕和北极鳕

大西洋鳕（*Gadus morhua*）是种体形庞大的鱼类，体长超过1米。它们的分布区域从北大西洋直至北冰洋，构成了北冰洋食物链中的重要一环。

大西洋鳕一直是密集捕捞的对象，渔获量达数十万吨。这种大量捕捞，导致在仅仅半个世纪里，它们的数量就降至原来的1%。世界自然保护联盟（IUCN）已将这一物种列为濒危物种红色名录中的易危级别。

还有一种鳕鱼，完全生活在北极大浮冰群的冰层下，它就是体长约30厘米的北极鳕（*Arctogadus glacialis*）。北极鳕的背部为棕色调，但在水下，因为反射了冰层的颜色，所以它看起来通体白色。

第402~403页图：一大群大西洋鳕在一棵巨藻间游动。

上图：罗氏南极鱼。一些与之同科俗称"冰鱼"的鱼类，生活在南极海面处，接近浮冰的区域。

右图：大西洋狼鱼有令人过目难忘的外表。北极海域的这种鱼类也像南极"冰鱼"一样，拥有血液"防冻剂"。

血液"防冻剂"

俗称的"冰鱼"属于南极鱼科，分布在南极海域。它们没有硕大的体形，甚至看起来十分不起眼，但在它们体内却藏着一种极为特别的物质——它们的身体里，有着天然的"防冻剂"！

这是一种让血液冰点下降的蛋白质，即使这些鱼类身处大浮冰群之间，近零下2摄氏度的冰冷海水里，也不会被冻住。

北极海域也有一些鱼类演化出了类似的能力，比如大西洋狼鱼（*Anarhichas lupus*），它的体长可达1.5米左右，看起来就像一条又短又粗的海鳗。在进食时，它们凭借有力的牙齿，除了能咬碎海胆和海星外，还能咬碎软体动物的硬壳。

侧纹南极鱼

侧纹南极鱼（*Pleuragramma antarcticum*）是北极和副北极地带的主要食物资源，以它为食的海洋动物不计其数。侧纹南极鱼鱼群由数百万条个体组成，阿德利企鹅、帝企鹅，以及海豹和鲸类都把它们当作美味佳肴。

除了名字和大西洋鲱相似（二者意大利语名字都含有aringa），侧纹南极鱼和大西洋鲱其实没有任何分类学上的亲缘关系，而是和"冰鱼"属于同一科。

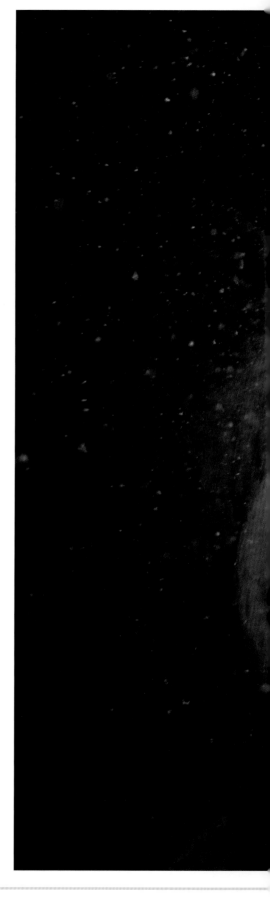

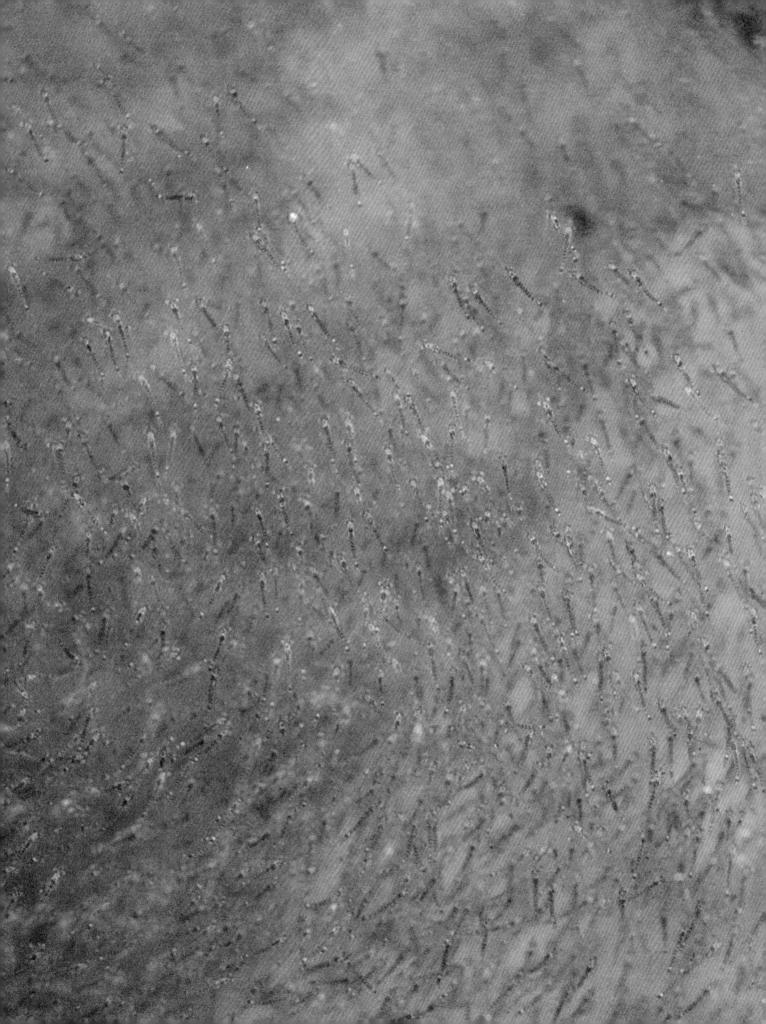

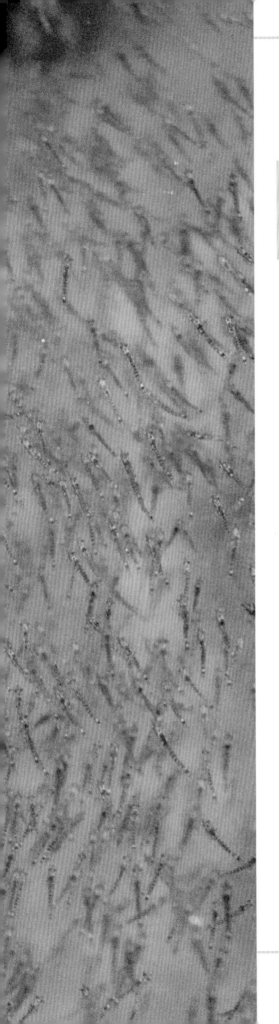

极地海洋的无脊椎动物

两极海域最重要的无脊椎动物，即小型或微型生物。它们组成的浮游生物群，是海洋食物链的基础部分和重要一环。

北极滑钩虾

北极的浮游生物群里，有一种约1.5厘米长的小型甲壳类动物值得一提，或许可以称它为"北极滑钩虾"（*Apherusa glacialis*）。这一物种非常依赖冰，乃至于会跟着冰川漂浮。当冰川融化时，北极滑钩虾便落至3000米深的海底，而在那里，洋流又将它们带回起点——北极的浮冰。

南极磷虾

"磷虾"一名，用来指代分布在各个大洋里的多种远海虾类，其中最著名的是南极磷虾（*Euphausia superba*），它是南极所有海域食物链中最基础的一环。

南极磷虾长约6厘米，虾群中个体数以百万计。如此庞大的数量，可能已经构成了世界上最大的动物群，据估测，全球范围内的南

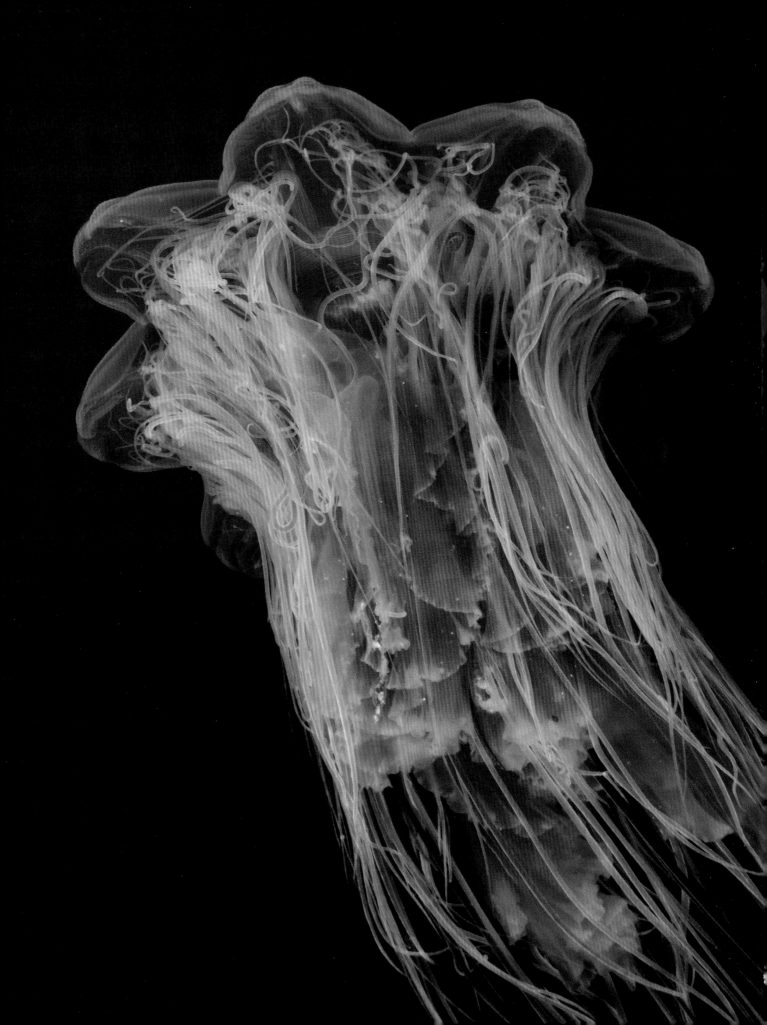

极磷虾重达5亿吨！

磷虾以浮游植物为食，此外也吃生长在浮冰下表面的藻类。

狮鬃水母

狮鬃水母（*Cyanea capilla-ta*）是北极海域里最壮观的生物之一，其伞状躯干的直径一般为50厘米，柔软的触手可达20米长；也有数据表明，它们的躯干直径可超过2米，触手长达30多米。

狮鬃水母呈淡红色，在它们游泳时，触手随着海浪浮动，形成一幅引人入胜的景象。然而，在它们的迷人的外表下暗藏杀机。它们是种用触手来捕食鱼类和甲壳动物的水母。只要稍一触及它们的触手，就会像碰到沸水一样，引起强烈的灼痛。

大王酸浆鱿

大王酸浆鱿（*Mesonychoteu-this hamiltoni*）是世界上最大的鱿鱼之一，其体形庞大到超乎想象：长达15米，重达500千克！

它们巨大的角质嘴喙与鹦鹉的喙形状相似，与强有力的肌肉相连，甚至能刺伤抹香鲸——后者可能是大王酸浆鱿唯一的天敌了，为了捕食大王酸浆鱿，它们不惜潜到极深的海底。

大王酸浆鱿分布在环南极地带的所有海域。

感谢

（in alto: 上；in basso: 下；a sinistra: 左；a destra: 右；fronte: 封面；retro: 封底）

亚洲沙漠的粗犷之美

图片来源

Nature Picture Library: Alain Dragesco-Joffe: 58, 59; Avi Meir/Minden: 78; Axel Gomille: 24-25; Bernard Castelein: 25 (a destra); Cyril Ruoso: 73 (a destra); Daniel Heuclin: 66-67, 68, 70-71; David Shale: 44-45, 64-65; Eric Dragesco: 28-29, 52-63, 84, 86-87, 96-97, 98(a sinistra), 98-99; Gertrud & Helumt Denzau: 14 (a sinistra), 30, 31; Hanne & Jens Eriksen: 36, 38 (a sinistra), 79, 100-101; Heidi & Hans Koch/Minden: 87; Huw Cordey: 88-89; Igor Shpilenok: 94, 95; Inaki Relanzon: 34-35; Ingo Arndt/Minden: 32-33; Jason Venus: 69; Klein & Hubert: 10-11, 46-47, 48-49, 50, 51, 54, 56-57, 82-83; Konstantin Mikhailov: 12, 76; Mark Moffett/Minden: 72-73; Mark Payne-Gill: 22-23, 37; Mathias Schaef/BIA/Minden: 42-43; Mike Potts: 40-41, 44 (a sinistra); Nick Garbutt: 14-15; Paul Johnson: 92; Pete Oxford/Minden: 55, 77; Roland Seitre: 52 (in alto e in basso); Staffan Widstrand: 38-39; Staffan Widstrand/Wild Wonders of China: 74-75; Sylvain Cordier: 85; Theo Allofs/Minden: 22-23; Valeriy Maleev: 16-17, 60-61, 62-63, 80-81, 90-91, 93; Xi Zhinong/Minden: 20-21, 26-27.

Copertina: Pete Oxford (fronte); Valeriy Maleev (retro).

Risguardo apertura: Shutterstock/Aleksander Hunta; risguardo chiusura: Shutterstock/Victor Tyakht.

非洲沙丘间的生命

图片来源

Nature Picture Library: Alain Dragesco-Joffe: 131, 132-133, 134-135, 137; Angelo Gandolfi: 106 (a sinistra); Ann & Steve Toon: 128-129, 130, 161, 174, 178 (in basso), 182-183; Bruno D'amicis: 116-117, 126-127, 127 (a destra); Charlie Summers: 114-115; Chris Mattison: 113; Christophe Courteau: 157, 170-171; Claudio Contreras: 121; Cyril Ruoso: 162-163; Denis Huot: 141; Emanuele Biggi: 155-156, 158-159, 192-193; Eris Baccega: 122-123, 185 (a destra); Hougaard Malan: 144-145; Ingo Waschkies/Minden: 168-169; Jason Venus: 112-113; Jen Gyuton: 108-109, 179, 188, 189, 190; Jim Brandenburg: 106-107; John Downer: 138-139; Jurgen & Christine Sohns/Minden: 143 (a destra); Klein & Hubert: 172-173, 175, 176-177, 180-181; Konrad Whote/Minden: 124-125; Laurent Geslin: 178 (in alto); Lucas Bustamante: 102-103, 156; Mark Moffett/Minden: 146-147; Martin Gabriel: 160; Michael & Patricia Fogden/Minden: 111, 152-153; Nei Lucas: 142-143; Pete Oxford/Minden: 191; Piotr Naskrecki/Minden: 150; Rod Williams: 136; Roland Seitre/Minden: 118-119, 120; Sean Crane/Minden: 184-185; Staffan Widstrand: 110; Terry Whittaker: 133 (a destra); Theo Allofs/Minden: 148-149; Tony Heald: 164-165, 166 (a sinistra); Tony Phelps: 186-187; Vincent Grafhorst/Minden: 151; Visuals Unlimited: 104; Wim van den Heever: 140; Yva Momatiuk & John Eastcott/Minden: 166-167.

Copertina: Claudio Contreras (fronte); Wim van den Heever (retro).

Risguardo apertura: Shutterstock/Vinnikava Viktoryia; risguardo chiusura: Shutterstock/ Radek Borovka.

大岛的独特之处

图片来源

Nature Picture Library: Alex Mustard: 230-231; Andy Trowbridge: 268; Barnie Britton: 253 (in alto); Brandon Cole: 211, 284-285; Brent Stephenson: 264-265; Chien Lee/Minden: 243; Christophe Courteau: 212-223; Colin Monteath: 200-201; Cyril Ruoso/ Minden: 238, 280; David Noton: 262-263; Inaki Relanzon: 259; Ingo Arndt/ Minden: 252, 254; John Water/ John Downer Prod: 241; Jurgen Freund: 270-271; Kevin Schafer/Minden: 232 (in alto); Klein & Hubert: 198-199; Konrad Whote/Minden: 240, 260-261; Lorraine Bennery: 244-245; Lucas Bustamante: 196; Mark MacEwen: 282-283; Martin Gabriel: 258; Martin Willis/Minden: 275; Michael D. Kern: 255; Michael Pitts: 278-279, 281; Nick Garbutt: 236-237, 242, 246, 248-249, 250-251, 256-257; Pete Oxford/ Minden: 223, 235, 247; Phil Savoie: 276-277; Thomas Marent/Minden: 253 (in basso), 274; Tim Laman/ Geo Image Collection: 202-203, 272; Tuy De Roy/Minden: 194-185, 204-205, 206-207, 208-209, 209 (in alto), 210, 214, 215, 216, 217, 218-219, 220-221, 222, 224-225, 226-227, 228-229, 232 (in basso), 233, 234, 266, 267, 269; Visuals Unlimited: 273.
Copertina: Tuy De Roy (fronte); Lucas Bustamante (retro).

常年冰封的王国

图片来源

Nature Picture Library: Ingo Arndt: 1, 288; Steven Kazlowski: 282-283, 302, 304, 308, 309, 311, 332, 404-405; David Tipling: 286-287, 293; Roy Mangersnes: 290-291, 300, 322-323, 340; Kathryn Jeffs: 292; Erlend Haaberg: 294, 319; Danny Green: 294-295; Ole Jorgen Liodden: 296-297; Eric Baccega: 298-299, 282, 333, 334, 374-375; Warwick Sloss: 301; Ole Jorgen Liodden: 303, 305, 312-313, 366-367; Andy Rousen: 306, 310, 363; Klein & Hubert: 313, 339, 341, 343, 345, 346, 355, 357, 358, 360-361; Wild Wonders of Europe/Liodden: 332; Wild Wonders of Europe/ Lundgrin: 401; Edwin Glesbers: 315; Sergey Gorshkov: 316, 317; Staffan Widstrand: 318, 335, 342; Franco Banfi: 320-321, 329, 378-379; Loic Poidevin: 323; Tom Vezo: 324; Conrad Wothe: 325; Ben Cranke: 326-327, 348; Jurgen Freund: 328; Sven Zacek: 331-332; Teo Web: 336-337; Chadden Hunter: 337; Sylvain Cordier: 338, 344, 371; Gabriel Rojo: 341, 371, 395; Andrew Parkinson: 344, 364-365; Mats Forsberg: 347; Aflo: 347; Suzi Eszterhas: 349; Doug Allan: 350, 351, 359, 376, 380; David Tipling: 352-353, 356; Sue Flood: 354-355, 381; Fred Olivier: 357; Tuy De Roy: 362; Karol Walker: 362; Markus Varesvuo: 368; Chris & Monique Fallows: 369; Bryan and Cherry Alexander: 370, 375; Ben Hall: 372-373; Doc White: 377, 382-383, 384; Angelo Giampiccolo: 379; Martha Holmes: 385; Robin Chittenden: 386-387, 388-389; Todd Pusser: 387, 394-395; Rick Tomlinson: 390-391; Martin Camm (WAC): 391; Pete Oxford: 392-393; Mark Carwardine: 396-397; Doug Perrine: 398-399; Alex Mustard: 400-401; Pascal Kobeh: 402; Jeff Rotman: 403; Alex Hyde: 405; Olga Kamenskaya: 406-407; Solvin Zankl: 407.
Copertina: Staffan Widstrand (fronte); Klein & Hubert (retro).

本书中文简体版专有出版权由上海懿海文化传播中心授予电子工业出版社，未经许可，不得以任何方式复制或抄袭本书的任何部分。

版权贸易合同登记号　图字：01-2024-2868

图书在版编目（CIP）数据

美国国家地理. 未至之境 / 意大利白星出版公司著；
文铮等译. -- 北京：电子工业出版社, 2024. 6.
ISBN 978-7-121-48082-9

Ⅰ. N49

中国国家版本馆CIP数据核字第202455QG50号

责任编辑：高　爽
特约策划：上海懿海文化传播中心
印　　刷：当纳利（广东）印务有限公司
装　　订：当纳利（广东）印务有限公司
出版发行：电子工业出版社
　　　　　北京市海淀区万寿路173信箱　邮编：100036
开　　本：889×1194　1/16　印张：26.25　字数：829千字
版　　次：2024年6月第1版
印　　次：2024年6月第1次印刷
定　　价：158.00元

凡所购买电子工业出版社图书有缺损问题，请向购买书店调换。若书店售缺，请与本社发行部联系，联系及邮购电话：（010）88254888，88258888。

质量投诉请发邮件至zlts@phei.com.cn，盗版侵权举报请发邮件至dbqq@phei.com.cn。

本书咨询联系方式：（010）88254161转1952，gaoshuang@phei.com.cn。